园林植物与造景设计探析

门志义　李同欣 ◎著

图书在版编目（CIP）数据

园林植物与造景设计探析 / 门志义，李同欣著. --
北京 : 中国商务出版社，2022.10
ISBN 978-7-5103-4471-8

Ⅰ. ①园… Ⅱ. ①门… ②李… Ⅲ. ①园林植物—景
观设计—研究 Ⅳ. ①TU986.2

中国版本图书馆CIP数据核字(2022)第195025号

园林植物与造景设计探析

YUANLIN ZHIWU YU ZAOJING SHEJI TANXI

门志义　李同欣　著

出　　版：中国商务出版社
地　　址：北京市东城区安外东后巷28号　　邮　编：100710
责任部门：教育事业部（010-64283818）
责任编辑：刘姝辰
直销客服：010-64283818
总 发 行：中国商务出版社发行部 （010-64208388　64515150 ）
网购零售：中国商务出版社淘宝店 （010-64286917）
网　　址：http://www.cctpress.com
网　　店：https://shop162373850.taobao.com
邮　　箱：347675974@qq.com
印　　刷：北京四海锦诚印刷技术有限公司
开　　本：787毫米×1092毫米　1/16
印　　张：11.75　　字　数：242千字
版　　次：2023年5月第1版　　印　次：2023年5月第1次印刷
书　　号：ISBN 978-7-5103-4471-8
定　　价：74.00元

前 言

植物是自然界活力最强的元素，它是宏观上调控园林整体空间的根本元素，所以在园林的构成要素中，植物是最重要的组成部分之一。植物造景是城市园林设计不可分割的部分，对于丰富物种多样性、稳定生态系统、促进人和自然和谐发展等有重要意义。

在众多中华文化中，园林艺术是一朵不会沉睡的奇葩。正是园林植物造景的发展，才能够为人们提供巨大的视觉享受。在较高的艺术造诣和发展下，园林植物造景为优化环境提供了动力，不同种类的景观映入人们的眼帘。因此，我国园林植物造景的实用性和价值性不言而喻。园林植物的选择和配置不仅改善了整体环境，而且提高了园林景观的效果和整体档次。植物造景通过植物自身的形体、线条、色彩等形态，合理搭配、高低错落，构置成优美动人的画面，供人们欣赏。

随着城市化进程加快，人们越来越认识到植物不仅能满足人们对自然美的需求，园林植物的大量应用还是改善城市环境的重要措施之一。本书是关于园林植物与造景设计探析的书籍，编者首先从园林植物的概论入手，介绍了园林植物的形态分类、造景基础；其次，重点探析了园林植物生长发育规律，环境对园林植物生长发育的影响，园林植物繁殖、栽培与养护以及园林植物造景设计程序、原则与方法；最后，剖析了自然式、规则式植物配置及造景设计、园林植物与其他景观要素配置等；旨在摸索出一条适合现代园林植物与造景设计的科学道路，帮助园林工作者在应用中少走弯路，运用科学的方法，提高工作效率，并为园林植物与造景设计提供有一定的借鉴意义。

撰写本书过程中，编者参考和借鉴了一些知名学者和专家的观点及论著，在此向他们表示深深的感谢。由于水平和时间所限，书中难免会出现不足之处，希望各位读者和专家能够提出宝贵意见，以待进一步修改，使之更加完善。

目　录

第一章 园林植物概论

第一节 园林植物的形态分类

园林植物种类繁多，姿态各异，每一种园林植物器官的形态都千差万别。为应用方便，我们通常根据园林植物器官的形态特征进行识别。园林植物有根、茎、叶、花、果实、种子六大器官。

一、园林植物的根

园林植物的根通常呈圆柱形，愈向下愈细，向四周分枝，形成复杂的根系。我们把一株植物所有的根称为根系。

（一）根的类型

1. 定根

植物最初生长出来的根，是由种子的胚根直接发育来的，它不断向下生长，这种根称为主根。在主根上通常能形成若干分枝，称为侧根。在主根或侧根上还能形成小分枝，称纤维根。主根、侧根和纤维根都是直接或间接由胚根生长出来的，有固定的生长部位，所以称定根。

2. 不定根

有些植物的根并不是直接或间接由胚根所形成，而是从茎、叶或其他部位生长出来的，这些根的产生没有一定的位置，故称不定根。在栽培上常利用此特性进行扦插繁殖。

（二）根系的类型

根系常有一定的形态，按其形态的不同可分为直根系和须根系两类。

1. 直根系

主根发达，主根和侧根的界限非常明显的根系称直根系。它的主根通常较粗大，一般直向下生长，上面产生的侧根较小。多数双子叶植物和裸子植物根系属此类，如雪松、鹅掌楸等。

2. 须根系

主根不发达，或早期死亡，而从茎的基部节上生长出许多大小、长短相仿的不定根，簇生呈胡须状，没有主次之分。大部分单子叶植物根系属此类，如棕榈、竹子类等。

（三）根的变态

园林植物的根为了适应环境在形态、结构、功能上发生了变化，并能传给后代，发生了根的变态。根的变态有贮藏根、气生根和寄生根。贮藏根利用贮藏的养料供应植物的来年生长，常见于两年生或多年生双子叶草本植物，如萝卜的肉质直根、大丽花块根。气生根是植物生长在地面部分的根，如榕树的支柱根、凌霄的攀缘根、水松的呼吸根。寄生根是不定根的变态，伸入寄主植物体内，吸取寄主植物体内养分供自身生长，如菟丝子的寄生根。

二、园林植物的茎

茎是植物的重要营养器官，也是运输养料的重要通道。通常植物的茎根据质地或生长习性的不同，可分为以下几种类型。

（一）依茎的质地分

1. 木质茎

茎中木质化细胞较多，质地坚硬。具木质茎的植物称木本植物，依形态的不同可分为乔木、灌木和木质藤本。

2. 草质茎

茎中木质化细胞较少，质地较柔软，植物体较矮小。具草质茎的植物称草本植物。由于生长期的长短及生长状态的不同，草本植物又可分为一年生、二年生和多年生。

3. 肉质茎

茎的质地柔软多汁，呈肥厚肉质状态，如仙人掌、芦荟、景天等。

（二）依茎的生长习性分

依生长习性分茎的类型如下。

1. 直立茎

直立茎为常见的茎。茎直立生长于地面，如松树、杉树、杨树、桂花树、银杏、月季花等。

2. 缠绕茎

茎一般细长，自身不能直立，必须缠绕他物做螺旋状向上生长，如牵牛花等。根据缠

绕方向，又分为左旋缠绕茎和右旋缠绕茎，如紫藤、牵牛花等。

3. 攀缘茎

茎细长，不能直立，以卷须、不定根吸盘或其他特有的攀附物攀缘他物向上生长，如爬山虎、葡萄等。

4. 匍匐茎

茎细长平卧地面，沿水平方向蔓延生长，节上有不定根，如结缕草、狗牙根；节上不产生不定根，则称平卧茎，如地锦、酢浆草等。

三、园林植物的叶及叶序

叶是植物的重要营养器官，生长在茎上最易观察的部分。叶一般为绿色扁平体，具有向光性。叶的主要生理功能是进行光合作用、气体交换和蒸腾作用。

（一）叶的组成及形态

1. 叶的组成

叶的大小相差很大，但它们的组成部分基本是一致的。叶可分为叶片、叶柄和托叶三部分。具备此三部分的叶称完全叶，如桃、梨、柳、桑的叶。但也有不少植物的叶缺少叶柄和托叶，如龙胆、石竹的叶；或有叶柄而无托叶，如女贞、连翘的叶。这些缺少一个部分或两个部分的叶，都被称为不完全叶。

2. 叶的类型

（1）单叶

一个叶柄上只生一个叶片的叶称为单叶，多数植物的叶是单叶。单叶的叶形主要有针形、椭圆形、心形、戟形、圆形、匙形、镰状、肾形、披针形、卵形、菱形、三角形、线形等。

（2）复叶

一个叶柄上生两个以上叶片的叶，称为复叶。复叶根据小叶数目和在叶轴上排列的方式不同，可分为三出复叶、掌状复叶、羽状复叶和单身复叶四种类型。

（二）叶序

叶在茎枝上排列的次序或方式称叶序，常见的叶序有下列几种。

1. 互生

在茎枝的每一节上只生一片叶子，各叶交互而生，它们常沿茎枝螺旋状排列，如桑树、桃树、樟树等植物的叶序。

2. 对生

在茎枝的每一节上着生相对的两片叶子，有的与相邻的两叶成十字形排列交互对生，如薄荷、龙胆、紫苏、忍冬等植物的叶序；有的对生叶排列于茎的两侧成二列状对生，如小叶女贞、水杉等植物的叶序。

3. 轮生

在茎枝的每个节上轮生三片或三片以上的叶子，如夹竹桃等植物的叶序。

4. 簇生（丛生）

二片或二片以上的叶子着生在节间极度缩短的茎枝上成簇状，如银杏、落叶松、枸杞等植物的叶序。有些植物的茎极短缩，节间不明显，其叶恰如从根上生出，称基生叶，如蒲公英、雏菊、非洲菊等。

四、园林植物的花及花序

（一）花的组成

典型被子植物的花一般是由花梗、花托、花萼、花冠、雄蕊群和雌蕊群几部分组成的。其中雄蕊群和雌蕊群是花中最重要的生殖部分，有时合称花蕊；花等和花冠合称花被，有保护花蕊和引诱昆虫传粉的作用；花梗和花托起支撑花各部分的作用。

（二）花的类型

被子植物的花，在长期的演化过程中，它的大小、数目、形状、内部构造等方面，都会发生不同程度的变化。花的类型多种多样，通常按照花部组成情况等将花分为下列几种类型。

1. 完全花和不完全花

一朵花中凡具有花萼、花冠、雄蕊和雌蕊四部分的花称完全花，如桃花、桔梗等的花；若缺少其中一部分或几部分的花称为不完全花，如南瓜、桑树等的花。

2. 重被花、单被花和无被花

一朵花中凡具有花萼和花冠的称重被花或两被花，如桃、杏、豌豆等的花；若只有花萼或花冠的花称单被花，单被花的花被常具鲜艳的颜色而呈花瓣状，也称无瓣花，如桑树花、芫花等。不具花被的花称无被花。无被花常有苞片，如柳树、杨树的花。

3. 两性花、单性花和无性花

一朵花中具有雄蕊和雌蕊的称两性花，如柑橘、桔梗、桃花等的花。仅具雄蕊或雌蕊的称单性花，如南瓜、四季秋海棠的花；具有雄蕊而缺少雌蕊，或仅有退化雌蕊的花称雄

花；具有雌蕊而缺少雄蕊，或仅有退化雄蕊的花称雌花。单性花中雌花和雄花生于同一植株上称雌雄同株，如四季秋海棠等；雌花和雄花分别生于不同植株上的称雌雄异株，如银杏、苏铁等。花中既无雄蕊又无雌蕊或雌雄蕊退化的，称无性花或中性花，如八仙花等。

4. 辐射对称花、两侧对称花和不对称花

通过一朵花的中心可做几个对称面的花，称辐射对称花或整齐花，如桃花、牡丹的花。若通过一朵花的中心只可做一个对称面的花称两侧对称花或不整齐花，如益母草的唇形花、菊科植物的舌状花等。若通过花的中心不能做出对称面的花称不对称花，如缬草的花。

（三）花序

花在花枝或花轴上排列的方式，称花序。根据花序的结构和花在花轴上开放的顺序，可分为无限花序和有限花序两大类。

1. 无限花序

在开花期间，花轴的顶端继续向上生长，并不断地产生花，花由花轴下部依次向上开放，或由边缘向中心开放，这种花序称无限花序。

2. 有限花序

花由花轴的顶端向下或由花序中心向边缘依次开放。因而花轴不能继续延长，只能在顶花下方产生侧轴，但侧轴顶端的花又先开。这样发展的花序称有限花序。

五、园林植物的果实

卵细胞受精以后随着胚珠发育成种子的同时，子房发育成果实。由子房发育成的果实称为真果，由子房外花的其他部分发育成的果实称为假果。有的植物未经过受精，子房也能发育成果实，这种现象称单性结实。单性结实所形成的果实不含种子，是无籽果实，如葡萄、菠萝等。

（一）果实的构造

果实是由果皮和种子组成的。果皮是由子房壁发育而成的，或称为果壁。果皮通常分为三层，即外果皮、中果皮、内果皮。果皮的构造、色泽以及各层果皮发达的程度因植物种类而异。

（二）果实的类型

果实的类型很多，根据果实的来源、结构和果皮性质的不同可分为单果、聚合果和聚花果三大类。

1. 单果

由一朵花中只有一个雌蕊（单雌蕊或复雌蕊）的子房发育而成的果实，称单果。根据果皮的质地不同可分为肉质果和干果两类。

（1）肉质果

果实成熟时果皮肉质多浆，不开裂。

①浆果

由单心皮或合生心皮的上位或下位子房发育而成，外果皮薄，中果皮和内果皮肥厚肉质，含丰富的浆汁，内有一至数枚种子。如枸杞、葡萄等。

②柑果

由合生心皮具中轴胎座的子房发育而成，外果皮较厚、色深、柔韧如革，内含有具挥发油的油室；中果皮与外果皮结合，界限不明显，中果皮常为白色海绵状，有许多分枝状的维管束部分；内果皮膜质状，分隔成若干室，内壁生有许多肉质的囊状毛。其是芸香科橘属特有的果实。如橙、柚、柑、橘、柠檬等。

③核果

典型的核果是由一心皮上位子房发育而成，其外果皮薄，中果皮肉质，内果皮坚硬、木质，形成一个坚硬的果核，每核内通常含一粒种子。如桃、杏、李、梅等。

④瓠果

是葫芦科所特有的果实，是一种浆果，也是一种假果，由三心皮合生，下位子房和花托（现多认为是花筒）一起形成的果实，花筒与外部果皮形成坚韧的果实外部，其内部果皮及胎座均为肉质，内含多粒种子。如南瓜、丝瓜、黄瓜均属这种果实。

⑤梨果

是一种假果，多为五个合生心皮、下位子房和花托（现多认为是花筒）一起发育形成的果实。如苹果、梨（内果皮革质）、山楂、枇杷（内果皮木质）等。

（2）干果

果实成熟时，果皮干燥。据果皮开裂与否，又分为裂果和不裂果两类。

2. 聚合果

一朵花中有多数离生心皮，单雌蕊，每一个雌蕊形成一个单果，许多单果聚生于花托上，称聚合果。花托常呈肉质，成为聚合果的一部分。

3. 聚花果（称复果）

聚花果是由整个花序发育成的果实。每朵花长成一个小果，许多小果聚生在花轴上，类似一个果实。它与一般的果穗不同，聚花果是由各个子房和其他附属一起形成的，成熟

后往往从花轴基部整体脱落，如桑椹是由整个雌花序发育而成，每朵花的子房各发育成一个小瘦果，包藏在肥厚多汁的肉质花被中。无花果是多数小瘦果包藏于肉质凹陷的囊状花轴内所形成的一种复果。凤梨是很多花长在肉质花轴上一起发育而成的，花不孕，肉质可食部分是花序轴。

六、园林植物的分类方法

园林植物种类繁多，范围甚广，它们在形态、习性、栽培管理、园林应用等诸多方面各不相同。为了学习中识别的方便，根据园林植物应用、习性及自然界中植物不同类群的起源、亲缘关系以及进化发展规律进行分类。

（一）人为分类

人为分类仅就植物形态、习性、用途上的不同进行分类，往往用一个或少数几个性状作为分类依据，而不考虑亲缘关系和演化关系。园林植物的分类对于不同的目的而言，有不同的人为分类方法。

1. 按生活型分类

生活型是植物对于生境条件长期适应而在外形上体现出来的植物类型。植物生活型外形特征包括大小、形状、分枝状态及寿命。一般植物可分为乔木、灌木、藤蔓、一二年生草本、多年生草本等。

（1）乔木

树体高大（≥6m），具有明显主干的木本植物，可依其高度而分为伟乔（31 m以上）、大乔（21 ~ 30 m）、中乔（11 ~ 20 m）、小乔（6 ~ 10 m）等四级。常见的乔木如香樟、银杏、毛白杨、雪松等。

（2）灌木

没有明显主干，树体矮小（≤6 m），主干低矮的木本植物。可依其高度而分为大灌木（3 ~ 6 m）、中灌木（1 ~ 3 m）、小灌木（0.5 m左右）等三级。如蜡梅、金叶女贞、月季等。

（3）藤蔓

主干柔弱，缠绕或攀附其他物体向上生长的木本植物。如紫藤、爬山虎等。

（4）一二年生草本

一年生草本是在一个生长季内完成生活史，寿命不超过一年的草本植物。如牵牛、凤仙花、波斯菊等。二年生草本，第一年生长季（秋季）仅长营养器官，到第二年生长季（春季）开花、结实后枯死的植物，如金盏菊、虞美人、三色堇等。

（5）多年生草本

寿命超过两年，能多次开花、结实。如蜀葵、鸢尾、大丽花等。

2. 按观赏部位分类

按观赏部位可分为观叶植物、观花植物、观果植物等。

（1）观叶植物

这类植物叶色光亮或色彩斑斓，或叶形奇特，或叶色季相变化明显。如银杏、红枫、乌桕、彩叶草、八角金盘、龟背竹等。

（2）观花植物

以花朵为主要观赏部位，以花形、花色、花香为胜。如牡丹、梅花、兰花、菊花、茶花、海棠、杜鹃、紫玉兰、樱花等。

（3）观果植物

果实或色泽艳丽，经久不落；或果形奇特，色形俱佳。如佛手、石榴、冬珊瑚、火棘、砂糖橘、金橘、柠檬和柑橘等。

3. 按园林用途分类

按园林植物在园林中的配植方式，可分为行道树、庭荫树、花灌木、绿篱植物、垂直绿化植物、花坛植物、地被植物、草坪植物、室内装饰植物等。

（1）行道树

指成行种植在道路两侧的植物，一般以乔木为主。

（2）庭荫树

孤植或丛植在庭园、广场或草坪上，供人们在树下休憩。

（3）花灌木

以观花为目的的灌木。

（4）绿篱植物

植株低矮，耐修剪，成行密植能代替栏杆或起装饰作用。

（5）垂直绿化植物

可以用来绿化棚架、廊、山石、墙面的藤蔓植物或草本蔓生植物。

（6）花坛植物

栽植在花坛内，能形成各种花纹图案或呈现鲜艳色彩的低矮的草本植物或灌木。

（7）地被植物

植株低矮、茎叶密集，能良好覆盖地面的草本或灌木。

（8）草坪植物

具有匍匐茎的多年生草本植物，以禾本科和莎草科植物为主。

（9）室内装饰植物

在室内栽植的，供室内装饰应用的盆栽观赏植物。

这些分类方法具有明显的人为特点，主观程度比较大。因此，园林植物的分类也应趋向系统分类法。

（二）自然分类

自然分类系统，就是根据植物的系统发育和植物之间的亲缘关系来分类。长久以来，植物分类学家根据植物的形态结构、生态学特性等多方面的特征，将植物分成许多不同等级的类群。自进化论问世以后，不少分类学家结合古植物学上的证据，试图探究各植物类群的起源、发生、进化途径、系统演化过程，以及彼此间的亲缘关系，提出了植物分类系统。由于被子植物种类繁多，古老的原始类型和中间类型已大部分绝灭，而化石资料还不丰富，考证不足，因此要建立一个反映被子植物真实演化过程的分类系统还非常困难。一般来说，按以下七个层次划分，即界、门、纲、目、科、属、种。

在自然分类系统中，最基本的单位是“种”。种是指形态结构相似，能相互交配、正常繁衍后代的类群。种具备一定的稳定性，但也有变化，通常又有亚种、变种、变型等。品种是人为选育出的，不在自然分类系统中排序。

一百多年来，分类学家们根据被子植物形态演化的趋势，结合古植物学和其他现有资料，提出了各种各样的分类系统。

关于被子植物的系统演化，也存在着两大系统：一派是恩格勒系统，另一派是哈钦松系统。

1. 恩格勒系统

这一系统是德国植物学家恩格勒和柏兰特提出的。他们认为被子植物的花是由单性孢子叶球演化来的，只含有小孢子叶（或大孢子叶）的孢子叶球演化成雄性（或雌性）的柔荑花序，进而演化成花。因而恩格勒系统认为被子植物的花，不是一朵真正的花，而是一个演化了的花序，这种学说称为假花说。因此，这一系统在被子植物亲缘关系上有以下几个特点。

第一，认为无被花类（核桃科、杨柳科、壳斗科等）是被子植物中最原始的。主要根据为全是木本、单性花、风媒传粉，有些植物仅有一层珠被等特征和裸子植物很相似。

第二，认为整齐花、两性花是由无花被单性花逐渐演变而来。因此，把多心皮目的木兰科、毛茛科等看成较进化的高级类型，排在无被花、单性花的后面。

第三，认为单子叶植物较双子叶植物原始，所以把单子叶植物排在双子叶植物前面。

2. 哈钦松系统

这一系统是英国植物学家哈钦松在 20 世纪 20 年代中期和 30 年代中期公布的。

这一系统在被子植物亲缘关系上有以下几个特点。

第一，认为离瓣花较合瓣花原始。花各部螺旋状排列得比轮状的原始；两性花比单性花原始，因此认为木兰目和毛茛目为被子植物中最原始的类型，是被子植物演化的起点，所以排在系统的最前面。

第二，认为被子植物的演化分为木本及草本两大支。木本支起于木兰目，草本支起于毛茛目。

第三，认为单被花及无被花是后来演化过程中蜕化而成的。

第四，认为单子叶植物起源于双子叶植物的毛茛目，因此将单子叶植物排在双子叶植物的后面。

本系统我国应用较多，国际上很少使用。该系统科的范围比较小。

（三）植物命名

每种植物在不同的国度和地区，其名称也不相同，因而就易出现同物异名或异物同名的混乱现象，造成识别植物、利用植物、交流经验等的障碍。为此，有一共同的命名法则是非常必要的。国际上规定，植物任何一级分类单位，均须按照《国际植物命名法规》，用拉丁文或拉丁化的文字进行命名，这样的命名叫作学名。它是国际通用的唯一正式名称，植物的学名是以瑞典植物学家林奈所提出的双名法给植物命名的。

双名法以拉丁文表示，通常以斜体字或下画双线以示区别。第一个是属名，是主格单数的名词，第一个字母大写；后一个是种名，常为形容词，须在词性上与属名相符。最后是命名人姓氏，除单音节外均应缩写，缩写时要加省略号，且第一个字母要大写。

在生物学中，双名法是为生物命名的标准。属名须大写，种加词则不能。在印刷时使用斜体，手写时一般要加双下画线。如果在一篇文章中多次提到某一个属，除第一次提及时给出全写，在以后出现时可将属名缩写，但绝不能省略。

如果是亚种，其学名组成是：属名 + 种名 + 命名人 +sub.（亚种的缩写）+ 亚种名 + 亚种命名人。

如果是变种，其学名组成是：属名 + 种名 + 命名人 +var.（变种的缩写）+ 变种加词 + 变种命名人。

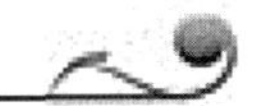

七、植物检索表的使用方法

（一）植物检索表的类别及特点

检索表是植物分类中极为常用的工具，在表中罗列出相对的两组形态特征，加以比较找出两者的区别即可找到其所在位置。

植物检索表是根据法国拉马克二歧分类原则编制的，有两种形式，即定距检索表和平行检索表。

分科检索表，可检索出植物的科。

分属检索表，可检索出植物的属。

分种检索表，可检索出植物的种。

1. 定距检索表（等距检索表）

在这种检索表中，相对立的特征，编为同样号码，且在书页左边同样距离处开始描写。如此继续下去，描写行越来越短，直至追寻到科属或种的学名为止，最终查出植物的名称。

2. 平行检索表

在这种检索表中，每一对性质的描写紧紧相接，便于比较，在每一行之末，或为一学名，或为一数字。如为数字，则另起一行重新写。与另一相对性状平行排列，如此直至终了为止。左边数字均平头写，为平行检索表特点。

（二）植物检索表的编制和使用

植物检索表是鉴定植物必备的工具，因此必须学会并正确使用它。检索表的编制是根据拉马克的二歧分类原则，把各植物类群突出的形态特征进行比较，分成相对的两个分支，在相同的项目下，以不同点分开，依次下去直编到科、属或种的检索表的终点为止，为了便于使用，各分支按其出现的先后顺序，在前面加上一定的顺序数字。相对应两个分支的数字应相同，并要编写在距离左边同等距离的地方。后出现的两个分支应较前出现的两个分支向右边移一个字符，这样继续下去直到编制的终点为止。这种检索表就是定距（也叫等距）检索表。除此之外，还有平行检索表，相对应性状的两个分支平行排列，分支之末为序号或名称，此序号重新写在相对应分支前。

利用检索表鉴定植物时，可以从科一直检索到种，但要有完整的检索表资料，而且还要有性状完整的检索对象标本。另外，对检索表中使用的各种形态学术语及检索对象形态特征，应有正确的理解和分辨，否则容易出现偏差。

第二节 园林植物造景基础

一、园林植物造景的基本含义与特征

（一）园林植物造景的含义

园林植物造景，即运用乔木、灌木、藤蔓植物以及地被、草本植物等素材，通过艺术手法，结合考虑各种生态因子的作用，充分发挥植物本身的形体、线条、色彩等方面的景观效果，来创造与周围环境相适应、相协调，并表达一定意境或具有一定功能的艺术空间。园林植物造景综合考虑两方面问题：一方面是造景的艺术性，如何结合场地功能和特征营造适宜的植物景观，如形成乔灌木复合景观、乔草组合景观、花境景观、植物组团景观等，以及与其他要素组合的搭配，如与山石组合、水体组合、园路组合、墙体组合等；另一方面是造景的科学性，在植物的选择上考虑环境的条件选择适宜生长的植物，综合考虑土壤、水分、光照、温度等环境因子条件对植物生长的影响。

（二）园林植物造景的特征

归根结底，园林设计是植物材料的设计，目的就是改善人类的生态环境，其他的内容都只能在一个有植物的环境中发挥作用。相对于其他的园林设计要素，园林植物造景可以营造具有生命的绿色环境，植物的季相及生长过程为环境带来丰富的时序变化，而植物的生长对环境有良好的改善作用。因此随着人类社会的发展，越来越关注植物在生态环境营造中不可或缺的作用。因为植物的生命性也要求在植物造景时应综合考虑植物生长的需求，考虑立地条件，提倡适地适树的原则。

二、林植物的造景功能

（一）园林植物的观赏价值与应用方式

1. 园林植物的观赏价值

园林植物的观赏价值指的是植物的某一部分或者几部分器官因颜色、形态、气味等特

点使其具备观赏性。一般分为以下几种。

乔木：树形、树皮、树根、叶色、叶形、花、果、香气。

灌木：造型、叶形、叶色、花、果、香气。

草本：叶形、叶色、花、香气。

2. 园林植物的应用方式

园林植物的应用方式指的是根据园林植物的生态习性和观赏特征，将各种植物按一定的组合形式分布在适合的园林绿化位置，更好地发挥其美化环境的作用。主要有以下几种应用方式。

乔木：行道树、庭院树、遮阴树、桩景树、盆景、孤植、对植、列植、片植、群植。

灌木：绿篱、盆景、盆栽、花境、造型、对植、丛植、间植。

草本：地被、花坛、花境、盆栽、片植。

立体绿化，垂直绿化。

（二）园林植物的造景功能

1. 美化功能

（1）利用植物的形态特征表现景观美

园林植物作为营造园林景观的主要材料，本身具有独特的自然线条，或柔和或劲拙。不同的园林植物形态各异，变化万千，呈现出不同的形态美。挺直的树干有一种豪壮雄伟的形象，横亘曲折的树干有一种盘结迂回的形象，倒悬下垂的树干有一种凌空倾泻的形象，双株连理的树干有一种顾盼生姿的形象。它们既可孤植以展示个体之美，又能按照一定的构图方式配置，表现植物的群体美，再结合枝条横施、疏斜、潇洒的动态韵致，来体会线条艺术的含蓄之美，从而营造出优美的园林景观。

（2）利用植物的色彩和季相变化表现景观美

园林植物随着季节的变化表现出不同的季相特征，春季繁花似锦，夏季绿树成荫，秋季硕果累累，冬季枝干遒劲。根据植物这种盛衰荣枯的生命节律，把不同花期、不同叶色的植物搭配种植，使得同一地点在不同的时期产生四时演变的时序景观，给人不同的感受，体会季相的变化。如江南私家园林有优越的自然条件、较长的植物生长期、较多的植物品种，通过植物在不同季节中的不同色彩创造了怡人的园林景观。

（3）利用植物的装饰特性表现景观美

园林植物的枝叶呈现柔和的线条，不同植物的质地、色彩在视觉感受上有不同差别，园林中经常用柔质的植物材料来装饰建筑、雕塑、园林小品，也可以点缀假山置石，以遮陋衬丽。与建筑或其他园林小品结合，植物可以起烘托、渲染的作用，或点明建筑的意境，打破或减弱建筑物粗糙、僵硬的线条和质感，协调建筑与环境的关系；与山石相配，能表现出地势起伏、野趣横生的自然韵味；与水体相配，则能形成倒影或遮蔽水源，造成深远的感觉。通过植物对建筑等园林小品和山水的装饰，可以拓展园林空间，增加植物景观层次的变化，从而创造出令人陶醉的园林观赏效果，起到美化作用。

（4）利用植物的文化寓意和象征表现景观美

园林植物不仅给人以环境舒适、赏心悦目的感受，还可使人产生不同审美心理的思想内涵。人们在欣赏自然植物美的同时，逐渐将形象美人格化，借以表达人的思想、品格、意志，作为情感的寄托。在园林景观创造中可借助植物的意境美抒发情怀，寓情于景，情景交融，把植物的外形与气质结合起来，突出其神态和风韵，增强园林景观的艺术魅力，起到美化作用。植物是自然的象征，是城市的标志，是区域的特色，要充分利用乡土植物打造一个富有魅力的区域特色生态景观，激发人们对家乡的热爱和建设家乡的情感。

2. 生态功能

园林植物对改善城市的生态环境起着很大作用。首先是改善小气候，能够有效地控制太阳的辐射以调节温度，可降低风速以调整气温；其次是净化空气，植物的叶片在日光作用下，能把光能转化为化学能，同时吸收二氧化碳放出氧气，提高环境空气质量；最后就是净化环境，能够杀死病菌、有害物质，如荷花、睡莲等水生植物能吸收有毒物质和细菌，净化水源，有益于环境卫生。所以，园林植物是现代园林生态景观不可缺少的部分。

3. 防护功能

园林植物具有防风滞尘、涵养水源、保持水土、降低噪音、减少污染和保护人体免受放射性危害等方面的作用。利用悬铃木、刺槐可以有效滞尘；利用云杉、水杉、圆柏、柳树等枝叶稠密、叶面粗糙的特点，进行截流降水，加上土壤的渗透作用，就减少和缓和了地表径流量和流速，起到了涵养水源、保持水土的作用；利用乔灌木可以降低噪音；利用攀缘植物覆盖墙面，在强日光下反射系数也显著降低，还可以防止墙体倒塌及瓦片脱落。园林植物还是发生地震、火灾等自然灾害时防灾避难的最佳场所。

4. 实用功能

园林植物枝叶繁茂，花果秀丽，不但可供观赏，而且可以遮挡夏日骄阳，提供一片绿荫，供人们休息、乘凉。如在园林中，设立各种棚架及其他形式的园林小品，供葡萄科、葫芦科、豆科、猕猴桃科等藤蔓植物攀缘，不但可以满足园林造景的要求，同时又可作为休息设施。园林植物还可以用来构成空间、分隔空间、组织游览路线，起到主景、对景、框景和障景等作用。

5. 社会经济功能

在商业化的今天，人们没有忘记植物景观对经济发展的催化作用，越来越多的森林城市和森林楼房拔地而起，绿化共享空间已成为人们梦寐以求的场所。为了提高商业谈判的效果，在办公大楼设立架空层花园、露台花园和屋顶花园，利用植物景观创造和睦、安静的良好商业洽谈环境。房地产销售部大门区域往往都会营造出高档次植物景观效果，目的是吸引更多的消费者。在城市建设中，绿化程度、植物景观质量的高低很大程度上还能够推动城市的发展，可以这样认为，生态环境好的城市比较容易吸引投资者。如大连的发展除了归功于其地理位置的优越性、良好的政策之外，优美植物景物也起到了一定的作用。

三、植物空间景观

（一）植物空间景观的类型

所谓空间感是指有地平面、垂直面以及顶平面单独或共同围合成的具有实在的或暗示性的范围围合，及人意识到自身与周围事物的相对位置的过程。利用植物的各种天然特征，如色彩、形姿、大小、质地、季相变化等，本身就可以构成各种各样的自然空间，再根据园林中各种功能的需要，与园林小品、山石、地形等相结合，更能够创造出丰富多变的植物空间类型。这里，就从形式和功能两个角度出发并结合实例对园林植物构成的空间做具体分类。

1. 开敞空间

园林植物形成的开敞空间是指在一定区域范围内，人的视线高于四周景物的植物空间，一般用低矮的灌木、地被植物、草本花卉、草坪可以形成开敞空间。在较大的面积的开阔草坪上，除了低矮的植物以外，有几株高大乔木点植其中，并不阻碍人们的视线，也称得上开敞空间。

开敞空间在开放式绿地、城市公园等园林类型中非常多见，像草坪、开阔水面等，视线通透，视野辽阔，容易让人心胸开阔，心情舒畅产生轻松自由的满足感。仅用低矮的灌木及地被植物作为空间的限定因素，形成的空间四周开散、外向、无私密性，完全暴露在天空和阳光之下，该类空间主要界面是开放的，无封闭感。限定空间要素对人的视线无任何遮挡作用。

2. 半开敞空间

就是指在一定区域范围内，四周不全开敞，而是有部分视角用植物阻挡了人的视线。根据功能和设计需要，开敞的区域有大有小。从一个开敞空间到封闭空间的过渡就是半开敞空间。它也可以借助地形、山石、小品等园林要素与植物配置共同完成。半开敞空间的封闭面能够遮挡人们的视线，从而引导空间的方向，达到“障景”的效果。

比如，从公园的入口进入另一个区域，设计者常会采用先抑后扬的手法，在开敞的入口某一朝向用植物小品来阻挡人们的视线，使人们一眼难以穷尽，待人们绕过障景物，进入另一个区域就会豁然开朗。该空间与开放空间相类似，它的空间面或多面部分受到较高植物的封闭，限制了视线的通透。植物对人的行动和视线有较强的限定作用。这种空间与开放空间有相似的特性，不过开放程度小，其方向性朝向封闭较差的开敞面。

3. 覆盖空间

覆盖空间通常位于树冠下与地面之间，通过植物树干分枝点高低，浓密的树冠来形成空间感，高大的常绿乔木是形成覆盖空间的良好材料。此类植物不仅分枝点较高，树冠庞大，而且具有很好的遮阴效果，树干占据的空间较小，所以无论是一棵、几丛，还是一群成片，都能够为人们提供较大的活动空间和休息的区域，此外，攀缘植物利用花架、拱门、木廊等攀附生长，也能够构成有效的覆盖空间，这类空间只有一个水平要素限定，人的视线和行动不被限定，但有一定的隐蔽感、覆盖感。

4. 封闭空间

封闭空间是指人处于的区域范围内，四周用植物材料封闭，这时人的视距缩短，视线受到制约，近景的感染力加强，容易产生亲切感和宁静感。小庭园的植物配置宜采用这种较封闭的空间造景手法，而在一般的绿地中，这样小尺度的空间私密性较强，适宜于年轻人私语或者人们独处和安静休憩。这类空间除具备覆盖空间的特点外，其垂直面也是封闭的，四周均被中小型植被所封闭，无方向性，具有极强的隐蔽性和隔离感，空间形象十分明朗。

5. 垂直空间

用植物封闭垂直面，开敞顶平面，就形成了垂直空间。分枝点较低、树冠紧凑的中小乔木形成的树列、修剪整齐的高树篱都可以构成垂直空间。由于垂直空间两侧几乎完全封闭，视线的上部和前方较开敞，极易产生“夹景”效果，来突出轴线顶端的景观，狭长的垂直空间可以引导游人的行走路线，对空间端部的景物也起到了障丑显美、加深空间感的作用。纪念性园林中，园路两边常栽植松柏类植物，人在垂直的空间中走向目的地瞻仰纪念碑，就会产生庄严、肃穆的崇敬感。运用高而细的植物能构成一个具有方向性的、直立、朝天开敞的室外空间。这类空间只有上面是敞开的，令人翘首仰望，将视线导向空中能给人以强烈的封闭感，人的行动和视线被限定在其内部。

6. 天时空间

这里所说的天时空间包括随季相而变化的空间和植物年际动态变化空间。一切物质存在的基本形式就是空间和时间，而时间通常被称为四维度空间。因此植物的空间分类中，不可能离开时间这个概念，也就是说，它不可能离开年复一年的年际变化，也不可能离开春夏秋冬的季相变化。

植物随着时间的推移和季节的变化，自身经历了生长、发育、成熟的生命周期，表现出了发芽、展叶、开花、结果、落叶及由大到小的生理变化过程，形成了叶容、花貌、色彩、芳香、枝干、姿态等一系列色彩上和形象上的变化，并构成了“春花含笑”“夏绿浓荫”“秋叶硕果”“冬枝傲雪”的四季景象变化。植物时序景观的变化极大地丰富了园林景观的空间构成，也为人们提供了各种各样可选择的空间类型。落叶树在春夏季节是一个覆盖的绿荫空间，秋冬季来临，就变成了一个半开敞空间，更开敞的空间满足了人们在树下活动、晒阳的需要。秋天的香山总有中外游客纷至沓来欣赏它的遍山红叶；“最爱湖东行不足，绿杨荫里白沙堤”，是说春天在白堤的垂柳树下行走是怎么走也走不够的。每种植物或是植物的组合都有与之对应的季相特征，在一个季节或几个季节里它总是特别突出，熠熠生辉，为人们带来了最美的空间感受。

（二）植物景观空间特点

因植物的性质迥异于建筑物及其他人造物，故其界定出的空间个性，亦异于建筑物所界定的空间。植物界定空间时的特性概括为以下几点。

1. 软质性

由于植物具有生长、落叶、发芽的自然现象，并可经由人工加以修剪，故从植栽的枝叶扶疏、摇曳生姿之中，已然透露出生命的气息，故其所界定的空间，具有不同于人造物的软质特性。

2. 渗透性

植物对于音乐、光线及气流皆能轻易穿透部分，因而达到与相邻空间相互渗透的效果。

3. 变化性

以植物作为空间界定物，会因其成长而增加对该空间的封闭性，亦会因死亡或损伤而降低，因此，以植物作为空间界定物，并非长久而不变的。

4. 亲和性

植物所散发的空间气息是祥和的，以植物作为空间界定物，可借由视觉的穿透，而使生冷刚硬的人造物背景为之柔化。

5. 自然意象性

植物虽具建筑物界定空间的潜能，然因二者性质不同，其所界定的空间亦相异其趣。植物在空间界定上的建筑潜能包括树冠之于天花板、绿篱之于墙面及草坪之于地板等。

（三）植物空间序列的形成

植物构成空间的三个要素是地面要素、立面要素和顶面要素。在室外环境中，三个要素以各种变化方式相互组合，形成各种不同的空间类型。空间封闭程度是随围合植物品种、高矮大小、种植密度以及观赏者与周围植物的相对位置而变化的。

就像建筑中的通道、门、墙、窗，引导游人进出和穿越一个个空间。如植物改变顶平面，同时有选择性地引导和组织空间的视线，就能有效地缩小空间和放大空间。空间的节奏需在设计时进行控制，如曲径通幽、柳暗花明等。

1. 围合

由建筑和墙所构成的空间范围。当一个空间的二面或三面是建筑或墙，剩下的开敞面可由植物围合形成一个完整的空间。

2. 连接

用植物将景观中其他孤立的因素连接成一个完整的室外空间，同时形成更多的围合面。连接形式多用线性的种植。当然植物也可以在更大范围内进行山水、建筑的联系，使人工和自然要素统一在绿色中。

3. 装饰和软化

沿墙面种植乔木、灌木或攀缘性植物，以植物来装饰没有生机的背景，使其自然生动，高低疏密的植物形成变换的空间。有树木的街景，由于树木的共同性将街景统一。

4. 加强与削弱

植物与地形结合可以强调或削弱由平面上地形变化形成的空间。将植物置于凸地形或山脊上，能明显地增加凸地形的高度，随之增强了相邻凹地或谷底的封闭感。相反，若将植物种植在凹地形的底部或周围的斜坡上，将减弱或消除地形所形成的空间。

5. 植物引导视线

（1）障景

控制和安排视线，挡住不佳或暂时不希望被看到的景物。为了完全封闭视线可用乔木和灌木分层遮挡，形成屏障。若考虑季节变化，常绿植物能达到永久性屏障作用。

（2）漏景

稀疏的叶子，较密的枝干能形成面，但遮蔽不严，出现景观的渗漏，其后景观隐约可见，

形成漏景，营造一种神秘感，丰富景观层次。

（3）部分遮挡及框景

部分遮挡，用来挡住不佳部分，露出较好部分或增加景观层次，若将园外的植物加以取舍借到院内，可扩大视野。若使用树干或两组树形成框景景观，可获得较佳构图。适合静态观赏，但要安排好视距。

（4）夹景

植物成行排列种植、遮蔽两侧，创造出透景空间，使人产生深邃的感觉。植物随着时间的推移和季节的变化，展现不同的植物景观。

（四）园林植物景观空间处理

园林植物除了可以营造各具特色的空间景观外，还可以与各种空间形态相结合，构成相互联系的空间序列，产生多种多样的整体效果。在空间序列中，运用植物造景适当地引导和阻隔人们的视线，放大或缩小人们对空间的感受，往往就能够产生变幻多姿的空间景观效果。在园林中，植物景观空间处理常用手法表现在以下几个方面。

1. 空间分隔

利用植物材料分隔园林空间，是园林中常用的手法之一。在自然式园林中，利用植物分隔空间可不受任何几何图形的约束，具有较大的随意性。若干个大小不同的空间可通过成丛、成片的乔灌木相互隔离，使空间层次深邃，意味无穷。

绿篱在分隔空间中的应用最为广泛和常见，不同形式、高度的绿篱可以达到多样的空间分隔效果。在园林中，植物除了独立地成为空间分隔手段之外，亦常与地形、建筑、水体等要素相结合，在空间构图中有着非常广泛的应用。

2. 空间穿插、流通

要创造出园林中富于变化的空间感，除了运用分隔的手段使空间呈现多样化之外，空间的相互穿插与流通也很重要。相邻空间之间呈半敞半合、半掩半映的状态，以及空间的连续和流通等，都会使空间的整体富有层次感和深度感。

3. 空间对比

园林之中通过空间的开合收放、明暗虚实等的对比，常能产生多变而感人的艺术效果，使空间富有吸引力。如颐和园中的苏州河，河道随万寿山后山山脚曲折蜿蜒，时窄时宽，两岸古树参天，夹岸的植物使得整个河道空间时收时放，交替向前，景观效果由于空间的开合对比而显得更为强烈。植物亦能形成空间明暗的对比，如林木森森的空间显得阴暗，而一片开阔的草坪则显得明亮，二者由于对比而使各自的空间特征得到了加强。

4. 空间深度表现

“景贵乎深，不曲不深”，说明幽深的园林空间常具有极强的感染力，而曲折则往往是达到幽深的手段之一。运用园林植物能够营造出园林空间的曲折与深度感，如一条小路曲曲折折地穿行于竹林之中，能使本来并不宽敞的空间显得具有深度感。另外，合理地运用植物的色彩、形体等，亦能产生空间上的深度感，例如，运用空气透视的原理，配植时使远处的植物色彩淡些，近处的植物色彩浓些，就会带来比真实空间更为强烈的深度感。

第二章 园林植物生长发育规律

园林植物不仅是风景园林中最重要的具有生命活力的景观要素，同时还具有深厚的文化内涵，成为人类精神文明的载体和人类宜居环境建设中不可缺少的重要内容。因此有必要了解园林植物器官的结构与功能及其生长发育规律；认识园林植物的生命周期、年生长发育周期；充分理解园林植物群体形成及其演替规律。这样在将来利用园林植物造景中才能做到根据园林植物的特点“师法自然”，从而达到园林景观能“景面文心”。

第一节 园林植物器官及其生长发育

一、根系及其生长发育

根系是植物个体地下部分所有根的总体。按根系的形态和分布状况，可分为直根系和须根系两类。大部分双子叶植物和裸子植物的根系为直根系，如刺槐、华山松等；大部分单子叶植物的根系属于须根系，如棕榈、麦冬等。另外，由营养繁殖而来的植物，它的根系由不定根组成，虽然没有真正的主根，但其中的一两条不定根往往发育粗壮，外表上类似主根，具有直根系的形态，习惯上把这种根系看成是直根系。

（一）根系在土壤中的分布

在自然条件下，根系的深度和宽度往往大于树冠面积的 5 ~ 10 倍其深度和宽度因植物的种类、生长发育状态、环境条件、人为影响等因素不同而有差异，一般可分为深根性和浅根性两类。

1. 深根性

根系主根发达，垂直向下生长，整个根系分布在较深的土层中，如马尾松一年生苗，主根长达 20 ~ 30cm，成年后主根可深达 5m 以上。这种具深根性根系的树种，称为深根性树种。

2. 浅根性

主根不发达，侧根或不定根向四周发展，根系大部分在土壤的上层，如悬铃木的根系一般分布在 20 ~ 30cm 的土壤表层中。这种具浅根性根系的树种，称为浅根系树种。

根系的深浅不但决定于植物的遗传性，也决定于外界条件，特别是土壤条件。长期生长在河流两岸或低湿地区的树种，如垂柳、枫杨等，由于在土壤表层中就能获得充足的水分，因而形成浅根性根系。生长在干旱或沙漠地区的树种，如马尾松、骆驼刺等，长期适应吸收土壤深层的水分，一般发育成深根性根系。同一植物，生长在地下水位较低、土壤肥沃、排水和通气良好的地区，根系分布于较深土壤；反之，则分布在较浅土壤。此外，人为影响和树龄等也会影响根系在土壤中的分布状况。

（二）根系的生长及其影响因素

根系是树木重要的营养器官，全部根系占植株体总的 25% ~ 30%，它是树木在进化过程中为适应陆地生活而发展起来的。树木根系没有自然休眠期，只要条件合适，就可全年生长或随时可由停顿状态迅速过渡到生长状态。其生长势的强弱和生长量的大小，随土壤的温度、水分、通气与树体内营养状况以及其他器官的生长状况而异。

1. 土壤温度

树种不同，开始发根所需要的土温也不相同，一般原产温带、寒地的落叶树木需要的温度低，而热带亚热带树种所需温度较高。根的生长都有最适合的上、下限温度，温度过高过低对根系生长都不利，甚至造成伤害。由于土壤不同深度的土温随季节而变化，所以分布在不同土层中的根系活动也不同。以中国中部地区为例，早春土壤化冻后，地表 30cm 以内的土温上升较快，温度也适宜，表层根系活动较强烈；夏季表层土温度过高，30cm 以下土层温度较适合，中层根系较活跃。90cm 以下土层，周年温度变化小，根系往往常年都能生长，所以冬季根的活动以下层为主。

2. 土壤湿度

土壤含水量达最大持水量的 60% ~ 80% 时，最适宜根系生长，过干易促使根木栓化和发生自疏；过湿能抑制根的呼吸作用，造成生长停止或腐烂死亡。可见选栽树木要根据其喜干、喜湿程度，正确进行灌水和排水。

3. 土壤通气

通气良好的根系密度大，分枝多，须根量大。通气不良处发根少，生长慢或停止，易引起树木生长不良和早衰。城市由于铺装路面多、市政工程施工夯实以及人流践踏频繁，土壤紧实，影响根系的穿透和发展；内外气体不易交换，引起有害气体（二氧化碳）的累

积中毒，影响菌根繁衍和树木的吸收。土壤水分过多会影响土壤通气，从而影响根系生长。

4. 土壤营养

在一般土壤条件下，其养分状况不至于使根系处于完全不能生长的程度，所以土壤营养一般不成为限制因素，但可影响根系的质量，如发达程度、细根密度、生长时间的长短。根有趋肥性。有机肥有利于树木发生吸收根；适当施无机肥对根的生长有好处。如施氮肥通过叶的光合作用能增加有机营养及生长激素来促进发根；磷和微量元素（硼、锰等）对根的生长都有良好的影响。但在土壤通气不良的条件下，有些元素会转变成有害的离子（如铁、锰会被还原为二价的铁离子和锰离子，提高了土壤溶液的浓度）使根受害。

5. 树体有机养分

根的生长与执行其功能依赖于地上部分所供应的碳水化合物。土壤条件好时，根的总量取决于树体有机养分的多少。叶受害或结实过多，根的生长就受阻碍，即使施肥，一时作用也不大，需保叶或通过疏果来改善。

此外，土壤类型、厚度及地下水位高低等，与根系的生长和分布都有密切关系。

二、茎与枝条及其生长发育

（一）树木的枝芽特性

芽是多年生植物为适应不良环境和延续生命活动而形成的重要器官。它是枝、叶、花的原始体，与种子有相类似的特点。所以芽是树木生长、开花结实、更新复壮、保持母株性状和营养繁殖的基础。

1. 芽的异质性

芽形成时，随枝叶生长时的内部营养状况和外界环境条件的不同，使处在同一枝上不同部位的芽存在着大小、饱满程度等差异的现象，称为芽的异质性。枝条基部的芽，多在展雏叶时形成。这一时期，因叶面积小、气温低，故芽瘦小，常称之为隐芽。其后，叶面积增大，气温升高，光合效率高，芽的发育状况得到改善；到枝条缓慢生长期后，叶片光合和累积养分多，能形成充实的饱满芽。有些树木（如苹果、梨等）的长枝有春、秋梢，即一次枝春季生长后，于夏季停长，秋季温湿度适宜时，顶芽又萌发成秋梢。秋梢组织不充实，在冬寒地易受冻害。如果长枝生长延迟至秋后，由于气温降低，梢端往往不能形成新芽。

2. 芽的早熟性与晚熟性

已形成的芽，需经一定的低温时期来解除休眠，到第二春才能萌发的芽，叫作晚熟性芽。有些树木在生长季早期形成的芽，于当年就能萌发（如桃等，有的达 2 ～ 4 次梢），具有这种特性的芽，叫早熟性芽。这类树木当年即可形成小树的形状。其中也有些树木，芽虽具早熟性，但不受刺激一般不萌发，而当受病虫害等自然伤害和人为修剪、摘叶等刺激时才会萌发。

3. 萌芽力和成枝力

各种树木与品种叶芽的萌发能力不同。有些强，如松属的许多种、紫薇、小叶女贞、桃等；有些较弱，如梧桐、梅子花、核桃、苹果和梨的某些品种等。母枝上芽的萌发能力，叫萌芽力，常用萌发数占该枝条总数的百分率来表示，所以又称萌发率。枝条上部叶芽萌发后，并不是全部都抽成长枝。母枝上的芽能抽发生长枝的能力，叫成枝力。

4. 芽的潜伏力

树木枝条基部芽或上部的某些副芽，在一般情况下不萌发而呈潜伏状态。当枝条受到某种刺激（上部或近旁受损，失去部分枝叶）或冠外围枝处于衰弱状态时，能由潜伏芽发生新梢的能力，称为芽的潜伏力，也称为芽的寿命。芽的潜伏力强弱与树木地上部分能否更新复壮有关。有些树种芽的潜伏力弱，如桃的隐芽，越冬后潜伏一年多，多数就失去萌发力，仅个别的隐芽能维持 10 年以上，因此不利于更新复壮，即使萌发，何处萌枝也难以预料。而仁果类果树、柑橘、杨梅、板栗、核桃、柿子、梅、银杏、槐等树种，其芽的潜伏力则较强或很强，有利于树冠更新复壮。

（二）茎枝的生长

树木的芽萌发后形成茎枝，茎以及由它长成的各级枝、干是组成树冠的基本部分，茎枝是长叶和开花结果的部位，也是扩大树冠的基本器官。

1. 茎枝的生长类型

茎枝的生长方向与根系相反，大多表现出背地性。按园林树木茎枝的伸展方向和形态，大致可分为以下四种生长类型。

（1）直立型

茎干有明显的背地性，垂直地面，枝直立或斜生，多数树木都是如此。在直立茎的树木中，也有一些变异类型，按枝的伸展方向可分为垂直型、斜生型、水平型和扭旋型等。

（2）下垂型

这类树种的枝条生长有十分明显的向地性，当萌芽呈水平或斜向生出之后，随着枝条

的生长而逐渐向下弯曲。此类树种容易形成伞形树冠，如垂柳、龙爪槐等。有时也把下垂生长类型作为直立生长类型的一种变异类型。

（3）攀缘型

茎细长而柔软，自身不能直立，但能缠绕或具有适应攀附他物的器官（如吸盘、卷须、吸附气根、钩刺等），借助他物支撑向上生长。在园林中，常把具有缠绕茎和攀缘茎的木本植物统称为木质藤本，简称藤木，如紫藤、葡萄、地锦类、凌霄类、蔷薇类。

（4）匍匐型

茎蔓细长，自身不能直立，又无攀附器官的藤本或直立主干的灌木，常匍匐于地面生长。在热带雨林中，有些藤如绳索状趴伏地面或呈不规则的小球状匍匐地面。匍匐灌木如铺地柏等。攀缘藤木在无他物可攀时，也只能匍匐于地面生长，这种生长类型的树木，在园林中常用作地被植物。

2. 枝干的生长特性

枝干的生长包括加长生长和加粗生长，生长的快慢用一定时间内增加的长度和宽度，即生长量来表示。生长量的大小及其变化，是衡量树木生长势强弱和生长动态变化规律的重要指标。

（1）加长生长

随着芽的萌动，树木的枝、干也开始了一年的生长。加长生长主要是枝、茎尖端生长点的向前延伸，生长点以下各节一旦形成，节间长度就基本固定。

树木在生长季的不同时期抽生的枝质量不同，枝梢生长初期和后期抽生的枝一般节间短、芽瘦小；枝梢旺盛生长期抽生的枝，不但长而粗壮，营养丰富，且芽健壮饱满。枝梢旺盛生长期树木对水、肥需求量大，应加强抚育管理。

（2）加粗生长

树木枝、干的加粗生长是形成层细胞分裂、分化、增大的结果。加粗生长比加长生长稍晚，其停止也略晚；在同一植株上新梢形成层活动自上而下逐渐停止，所以下部枝干停止加粗生长比上部稍晚，并以根颈结束最晚。因此，落叶树种形成层的开始活动稍晚于萌发，同时离新梢较远的树冠底部的枝条，形成层细胞开始分裂的时期也较晚。新梢生长越旺盛，则形成层活动也越强烈，时间越长。秋季由于叶片积累大量光合产物，枝干明显加粗。

不同的栽培条件和措施，对树木的加长和加粗生长都会产生一定的影响。如适当增加栽植密度有利于加长生长，保留枝叶可以促进加粗生长。

三、叶和叶幕的形成

叶是进行光合作用制造有机养分的主要器官，植物体内 90% 左右的干物质是由叶片合成的。另外，植物体的生理活动，如蒸腾作用和呼吸作用也主要是通过叶片进行的。因此了解叶片的形成对园林树木的栽培有重要作用。

（一）叶片的形成与生长

树木单叶自叶原基出现以后，经过叶片、叶柄（或托叶）的分化，直到叶片的展开和叶片停止增长为止，构成了叶片的整个发育过程。对于不同树种、品种和同一树种的不同树梢来说，单个叶片自展叶到叶面积停止增长所用的时间及叶片的大小是不一样的。从树梢看来，一般中下部叶片生长时间较长，而中上部较短；短梢叶片除基部叶片发育时间短外，其余叶片大体比较接近。单叶面积的大小，一般取决于叶片生长的天数以及旺盛生长期的长短。如生长天数长，旺盛生长期也长，叶片则大；反之则小。

初展的幼嫩叶，由于叶组织量少，叶绿素浓度低，光合效率较低；随着叶龄增加，叶面积增大，生理上处于活跃状态，光合效率大大提高，直到达到一定的成熟度为止，然后随叶片的衰老而降低。展叶后在一定时期内光合能力强。常绿树以当年的新叶光合能力为最强。由于叶片出现的时期有先后，同一树体上就有各种不同叶龄的叶片，并处于不同发育时期。

（二）叶幕的形成

叶幕是指叶在树冠内集中分布区而言的，它是树冠叶面积总量的反映。园林树木的叶幕，随着树龄、整形、栽培的目的与方式不同，其叶幕形成和体积也不相同。幼年树，由于分枝尚少，内膛小枝存在，内外见光，叶片充满树冠；其树冠的形状和体积就是叶幕的形状和体积。自然生长无中心干的成年树，叶幕与树冠体积并不一致，其枝叶一般集中在树冠表面，叶幕往往仅限于冠表较薄的一层，多呈弯月形叶幕。其中心干的成年树，多呈圆头形；老年多呈钟形叶幕，具体依树种而异。成林栽植树的叶幕，顶部呈平面形或立体波浪形。为结合花、果生产的，多经人工整剪使其充分利用光能；为避开架空线的行道树，常见有杯状叶幕，如桃树和架空线下的悬铃木、槐等。用层状整形的，就形成分层形叶幕；按圆头形整的呈圆头形、半圆头形叶幕。

藤木叶幕随攀附的构筑物体而异。落叶树木叶幕在年周期中有明显的季节变化。其叶幕的形成规律也呈慢—快—慢“S”形动态曲线式过程。叶幕形成的速度与强度，因树种和品种、环境条件和栽培技术的不同而异。一般幼龄树，长势强，或以抽生长枝为主的树

种或品种，其叶幕形成时期较长，出现高峰晚；树长　势弱、树龄大或短枝型品种，其叶幕形成与高峰到来早。如桃以抽长枝为主，叶幕高峰形成较晚，其树冠叶面积增长最快是在长枝旺盛之后；而梨和苹果的成年树以短枝为主，其树冠叶面积增长最快是在短枝停长期，故其叶幕形成早，高峰出现也早。

落叶树木的叶幕，从春天发叶到秋季落叶，大致能保持 5 ~ 10 个月的生活期；而常绿树木，由于叶片的生存期长，多半可达一年以上，而且老叶多在新叶形成之后逐渐脱落，故其叶幕比较稳定。对生产花果的落叶树木来说，较理想的叶面积生长动态是前期增长快，后期适合的叶面积保持期长，并要防止叶幕过早下降。

四、花的形成和开花

（一）花的形成

树木在整个发育过程中，最明显的质变是由营养生长转为生殖生长。花芽分化及开花是生殖发育的标志。

1. 花芽分化的概念

树木新梢生长到一定程度后，体内积累了大量的营养物质，一部分叶芽内部的生理和组织状态便会转化为花芽的生理和组织状态，这个过程称为花芽分化。狭义的花芽分化指的是其形态分化；广义的花芽分化包括生理分化、形态分化、花器官的形成与完善，直至性细胞的形成。花芽分化是树木重要的生命活动过程，是完成开花的先决条件。花芽分化的数量和质量直接影响开花。了解花芽分化的规律，对促进花芽的形成和提高花芽分化的质量，增加花果质量和满足观赏需要都具有重要意义。

2. 花芽分化期

根据花芽分化的指标，树木的花芽分化可分为生理分化期、形态分化期以及性细胞形成期。

（1）生理分化期

树木叶芽内生长点内部由叶芽的生理状态转向形成花芽的生理状态的过程称为生理分化期。此时叶芽与花芽外观上无区别，主要是生理生化方面的变化，如体内营养物质、核酸、内源激素和酶系统的变化。生理分化时期，芽内部生长点不稳定，代谢极为活跃，对外界因素高度敏感，条件不适极易发生逆转。因此，促进发芽分化的各种措施必须在生理分化期进行才有效。树种不同，生理分化开始的时期也不同，如牡丹在 7—8 月，月季在 3—4 月。生理分化期持续时间的长短，除与树种和品种的特性有关外，与树营养状况及外界的温度、湿度、光照条件均有密切关系。

（2）形态分化期

由叶芽生长点的细胞组织形态转化为花芽生长点的组织形态过程称为形态分化期。这一时期是叶芽经过生理分化后，在产生花原基的基础上，花或花器的各个原始体的发育过程。此时，芽内部发生形态上的变化，依次由外向内分化出花萼、花冠、雄蕊、雌蕊原始体，并逐渐分化形成整个花蕾或花序原始体，形成花芽。

（3）性细胞形成期

从雄蕊产生花粉母细胞或雌蕊产生胚囊母细胞开始，到雄蕊形成二核花粉粒和雄蕊形成卵细胞，称为性细胞形成期。于当年内进行一次或多次分化并开花的树木，其花芽性细胞都在年内较高温度下形成；在夏季分化、次春开花的树木，其花芽经形态分化后要经过冬春一定低温累积条件，才能形成花器和进一步分化完善与生长，再在第二年春季开花前较高温度下完成。性细胞形成时期，如不能及时供应消耗掉的能量及营养物质，就会导致花芽退化，并引起落花落果。

（二）植物花芽分化的类型

由于花芽开始分化的时间及完成分化全过程所需时间的长短不同（随植物种类、品种、地区、年份及多变的外界环境条件而异），可分为以下几个类型。

1. 夏秋分化型

绝大多数春夏开花的观花植物，如海棠、牡丹、丁香、梅花、榆叶梅、樱花等，花芽分化一年一次，于6—9月高温季节进行，至秋末花器的主要部分完成，第二年早春或春天开花。但其性细胞的形成必须经过低温。另外，球根类花卉也在夏季较高温度下进行花芽分化，而秋植球根在进入夏季后，地上部分全部枯死，进入休眠状态停止生长，花芽分化却在夏季休眠期间进行，此时温度不宜过高，超过20℃，花芽分化则受阻，通常最适温度为17 ~ 18℃，但也视种类而异。春植球根则在夏季生长期进行分化。

2. 冬春分化型

原产于温暖地区的某些木本花卉及一些园林树种属此类型。如柑橘类从12月至翌年3月完成，特点是分化时间短并连续进行。一些二年生花卉和春季开花的宿根花卉仅在春季温度较低时期进行。

3. 当年一次分化型

一些当年夏秋开花的种类，在当年枝的新梢上或花茎顶端形成花芽。如紫薇、木槿、木芙蓉等以及夏秋开花的宿根花卉，如萱草、菊花、芙蓉葵等，基本属此类型。

4. 多次分化型

一年中多次发枝，并于每枝顶形成花芽而开花。如茉莉、月季、倒挂金钟、香石竹、四季桂、四季石榴等四季开花的花木及宿根花卉，在一年中都可继续分化花芽，当主茎生长达一定高度时，顶端营养生长停止，花芽逐渐形成，养分即集中于顶花芽。在顶花芽形成过程中，其他花芽又继续在基部生出的侧枝上形成，如此在四季中可以开花不绝。

5. 不定期分化类型

每年只分化一次花芽，但无一定时期，只要达到一定的叶面积就能开花，主要视植物体自身养分的积累程度而异。如凤梨科和芭蕉科的某些种类。

（三）开花

一个正常的花芽，当花粉粒和胚囊发育成熟，花萼与花冠展开时，称为开花。

1. 开花的顺序性

树种间开花先后：树木的花期早晚与花芽萌动先后相一致，不同树种开花早晚不同。长期生长在温带、亚热带的树木，除在特殊小气候环境外，同一地区，各树木每年开花期有一定顺序性。如梅花花期早于碧桃，结香早于榆叶梅，玉兰早于樱花等。我国部分地区部分树种开花先后顺序为梅花—柳树—杨树—榆树—玉兰—樱花—桃树—紫荆—紫薇—刺槐—合欢—梧桐—木槿—槐树。

在同一地区，同一树种不同品种间开花时间早晚也不同，按花期可分为早花、中花、晚花三类，如樱花即有早樱和晚樱之分。同一树体上不同部位枝条开花早晚不同，一般短花枝先开放，长花枝和腋花芽后开。同一花序开花早晚也不同，如伞形总状花序其顶花先开，伞房花序基部边先开，而柔荑花序于基部先开。

不管是雌雄同株，还是雌雄异株树木，雌、雄花既有同时开放，也有雌花先开放或雄花先开放的。如银杏在江苏省泰州市于4月中旬至下旬初开花，一般雄花比雌花早开1 ~ 3d。

2. 开花的类型

不同树木开花与新叶展开的先后顺序不同，概括起来可以分为三类。

（1）先花后叶类

此类树木在春季萌动前已完成花器分化，花芽萌动不久即开花，先开花后长叶。如迎春、连翘、紫荆、梅花、榆叶梅等。

（2）花、叶同放类

此类树木的花器分化也是在萌动前完成，开花和展叶几乎同时，如紫叶李等。此外，多数能在短枝上形成混合芽的树种也属此类，如海棠、核桃等。混合芽虽先抽枝展叶而后开花，但多数短枝抽生时间短，很快见花，此类开花较前类稍晚。

（3）先叶后花类

此类树木如云南黄素馨、牡丹、丁香、苦楝等，是由上一年形成的混合芽抽生相当长的新梢，在新梢上开花，加之萌发要求的气温高，故萌发开花较晚。此类多数树木花器是在当年生长的新梢上形成并完成分化，一般于夏季开花。在树木中属开花最迟的一类，如木槿、紫薇、槐树、桂花等。有些能延迟到初冬才开花，如木芙蓉、黄槐、伞房决明等。

五、果实（种子）的生长发育

（一）果实的生长发育

从花谢后至果实达到生理成熟为止，需经过细胞分裂、组织分化、种胚发育、细胞膨大和细胞内营养物质的积累和转化等过程。这种过程称为果实的生长发育。

果实生长发育与其他器官一样，也遵循由慢至快再到慢的“S”形生长曲线规律。果实的生长首先以伸长生长为主，后期转为以横向生长为主。因果实内没有形成层，其增大完全靠果实细胞的分裂与增大，重量的增加大致与其体积的增大成正比。

一般早熟品种发育期短，晚熟品种发育期长。另外，还受环境条件的影响，如高温干燥，果实生长期缩短，反之则长；山地条件、排水好的地方果熟期早。

果实的着色是由于叶绿素的分解，细胞内已有的类胡萝卜素、黄酮素等使果实显出黄、橙等色；而果实中的红、紫色是由叶片中的色素原输入果实后，在光照、温度及氧气等环境条件下，经氧化酶产生的花青素苷 [是碳水化合物在阳光（特别是短波光）的照射下形成的] 而显示出颜色。

一般地，对许多春天开花、坐果的多年生树木来说，供应花果生长的养分主要依靠去年贮藏的养分，所以采用秋施基肥、合理修剪、疏除过多的花芽等，对促进幼果细胞的分裂具有重要作用。因此，根据观果要求，为观“奇”“巨”之果，可适当疏幼果；为观果色者，尤应注意通风透光。果实生长前期可多施氮肥，后期则应多施磷钾肥。所以在果实成熟期，保证良好的光照条件，对碳水化合物的合成和果实的着色很重要。有些园林树木果实的着色程度决定了它的观赏价值高低，如忍冬类树木果实虽小，但色泽或艳红或黑紫，煞是好看。

（二）种子的结构与种子形成

被子植物的种子一般由胚、胚乳和种皮构成。

胚是种子最主要的部分，是植株开花、授粉后卵细胞受精的产物，其发育是从受精卵

即合子开始的。合子是胚的第一个细胞，形成后通常经过一定时间的形态与生理准备后，开始分裂，经过原胚阶段、器官分化阶段和生长成熟阶段的发育，最后形成成熟胚。胚由胚芽、胚轴、子叶、胚根四个部分构成，播种后发育形成实生苗。

胚乳是种子内贮藏营养的地方，其发育是从极核受精形成的初生胚乳核开始的。初生胚乳核的分裂一般早于胚的发育，有利于为幼胚的生长发育及时提供必需的营养物质。有的树种，胚乳发育后不久，其营养物质被子叶吸收，到种子成熟时，胚乳消失，而子叶通常发达，成为无胚乳种子，如槐树、樟树等；有的树种，胚乳则保持到种子成熟时供萌发之用，如荚蒾、牡丹等。种子成熟时主要部分是胚乳，胚占的比例很小。

种皮是由胚珠的胚被发育而来，包裹在种子外部起保护作用的一种结构。有些植物珠被为一层，发育形成的种皮也为一层，如核桃；有的植物珠被有两层，相应形成内、外两层种皮，如苹果。在许多植物中，一部分珠被的组织和营养被胚吸收，所以只有部分珠被称为种皮。一般种皮是干燥的，但也有少数种类是肉质的，如石榴种子的种皮，其外表皮由多汁细胞组成，是种子可食用的部分。大部分树种的种皮成熟时，外层分化为厚壁组织，内层分化为薄壁细胞，中间各层分化为纤维、石细胞或薄壁组织。以后随着细胞的失水，整个种皮为干燥坚硬的包被结构，使保护作用得以加强。成熟种子的种皮上，常可见到种脐、种孔和种脊等结构；有些种皮上具有各种色素，形成各种花纹，如樟树；有些种皮表面有网状皱纹，如梧桐；有些种皮十分坚实，不易透水透气，与种子休眠有关，如红豆树、紫荆、胡枝子等；有些种皮上还出现毛、刺、腺体、翅等附属物，如悬铃木、垂柳等。种皮上这些不同的形态与结构特征随树种而异，往往是鉴定种子种类的重要依据。

裸子植物种子同样是由胚、胚乳、种皮三部分组成，是由裸露在大孢子叶上的胚珠发育形成的。大孢子叶类似于被子植物的心皮，只是没有闭合成为封闭的结构，常可变态为珠鳞（松柏类）、珠柄（银杏类）、珠托（红豆杉）、套被（罗汉松）和羽状大孢子叶（苏铁）等结构。胚珠由珠被、珠孔、珠心构成，其中珠被发育为种皮，珠孔残留为种孔，珠心组织中产生的卵细胞在受精后发育为胚。与被子植物不同，裸子植物在珠心内发育出雌配子体，其内形成数个颈卵器，每个颈卵器又各有一个卵细胞，所以种子常常具有多胚现象，不过最后通常只有一个胚发育成熟，其余的则被吸收。胚乳由雌配子体除去颈卵器的部分发育而成，为单倍体（被子植物的胚乳是双受精的产物，是三倍体）。裸子植物中，不管卵细胞是否受精并发育成胚，其胚乳都已经先胚而发育，其作用也是为胚的生长发育提供营养物质。

（三）种子成熟

种子的成熟过程，实质上就是胚从小长大，以及贮藏物质在种子中变化和积累的过程。不同植物的种子，贮藏物质不同。禾本科植物胚乳主要贮藏淀粉，豆科植物的子叶主要贮藏蛋白质和脂肪。总体而言，在种子成熟过程中，可溶性糖类转化为不溶性糖类，非蛋白质转变为蛋白质，而脂肪是由糖类转化而来的。

种子含水量随着植物种子的成熟逐步减少，细胞的原生质由溶胶状态转变为凝胶状态。由于含水量的减少，种子的重量减少，实际上干物质却在增加。

种子在积累贮藏物质过程中，要不断合成有机物，这时需要能量的供应，所以，贮藏物质的积累和种子的呼吸量呈正比，贮藏物质积累迅速，呼吸作用旺盛，种子接近成熟后，呼吸作用降低。

六、植物整体性及器官生长发育的相关性

（一）植物生长发育的整体性

树木作为结构与功能均较复杂和完善的有机体，是在与外界环境进行不断斗争中生存和发展的。而且树木本身各部分间，生长发育的各阶段或过程间，既存在相互依赖、互相调节的关系，也存在相互制约，甚至相互对立的关系。这种相互对立与统一的关系，就构成了树木生长发育的整体性。

（二）器官生长发育的相关性

1. 顶芽和侧芽

幼、青年树木的顶芽通常生长较旺，侧芽相对较弱或缓长，表现出明显的顶端优势。除去顶芽，则优势位置下移，并促使较多的侧芽萌发。修剪时用短枝来削减顶端优势，以促使分枝。

2. 根端和侧根

根的顶端生长对侧根的形成有抑制作用。切断主根先端，有利于促进侧根的生长；断侧生根，可多发些侧生须根。对实生苗多次移植，有利于出圃栽植成活；对壮老龄树，深翻改土，切断一些一定粗度的根（因树而异），有利于促发吸收根，增强树势，更新复壮。

3. 果与枝

正在发育的果实，争夺养分较多，对营养枝的生长、花芽分化有抑制作用。其作用范围虽有一定的局限性，但如果结实过多，就会对全树的长势和花芽分化起抑制作用，并出

现开花结实的“大小年”现象。其中种子所产生的激素抑制附近枝条的花芽分化更为明显。

4. 营养器官与生殖器官

营养器官和生殖器官的形成都需要光合产物。而生殖器官所需的营养物质是由营养器官供给的。扩大营养器官的健壮生长，是达到多开花、结实的前提。但营养器官的扩大本身也要消耗大量养分。因此常与生殖器官的生长发育出现养分的竞争。这二者在养分供求上，表现出十分复杂的关系。

5. 其他器官之间的相关性

树木的各器官是互相依存和作用的，如叶面水分的蒸腾与根系吸收水分的多少有关、花芽分化的早晚与新梢生长停止期的早晚有关、枝量与叶面积大小有关、种子多少与果实大小及发育有关等，这些相关性是普遍存在的，体现了植株整体的协调和统一。

总之，树木各部位和各器官互相依赖，在不同的季节有阶段性，局部器官除有整体性外，又有相对独立性。在园林树木栽培中，利用树木各部分的相关性可以调节树体的生长发育。

（三）顶端优势

一般来说，植物的顶芽生长较快，而侧芽的生长则受到不同程度的抑制，主根与侧根之间也有类似的现象。如果将植物的顶芽或根尖的先端除掉，侧枝和侧根就会迅速长出。这种顶端生长占优势的现象叫作顶端优势。顶端优势的强弱，与植物种类有关。松、杉、柏等裸子植物的顶端优势强，近顶端侧枝生长缓慢，远离顶端的侧枝生长较快，因而树冠呈塔形。

利用顶端优势，生产上可根据需要来调节植物的株形。对于松、杉等用材树种需要高大笔直的茎干，要保持其顶端优势；雪松具明显的顶端优势，形成典型的塔形树冠，雄伟挺拔，姿态优美，故为优美的观赏树种；对于以观花为目的的观赏植物，则需要消除顶端优势，以促进侧枝的生长，多开花多结果。

第二节 园林植物的生命周期

一、园林植物生命周期的一般规律

（一）离心生长与离心秃裸

植物自播种发芽或经过营养繁殖成活后，以根颈为中心进行生长。根具有向地性，在土中逐年发生并形成各级骨干根和侧生根，向纵深发展；地上芽按背地性发枝，向上生长并形成各级骨干枝和侧生枝，向空中发展。这种由根颈向两端不断扩大其空间的生长，叫“离心生长”。

以离心生长方式出现的树冠的“自然打枝”和“根系自疏”，统称为“离心秃裸”。根系在离心生长过程中，随着年龄的增长，骨干根上早年形成的须根，由基部向根端方向出现衰亡，这种现象称为“自疏”。同样，地上部分，由于不断地离心生长，外围生长点增多，枝叶茂密，使内膛光照恶化。壮枝竞争养分的能力强；而内膛骨干枝上早年形成的侧生小枝，由于所处地位，得到的养分较少，长势较弱。侧生小枝起初有利于积累养分，开花结实较早，但寿命短，逐年由骨干枝基部向枝端方向出现枯落，这种现象叫“自然打枝”或“自然整枝”。有些树木（如棕榈类的许多树种），由于没有侧芽，只有以顶端逐年延伸的离心生长，而没有典型的离心秃裸，但从叶片枯落而言仍是按离心方向的。

（二）向心更新与向心枯亡

随着树龄的增加，离心生长与离心秃裸造成地上部分大量的枝芽生长点及其产生的叶、花、果都集中在树冠外围，由于受重力影响，骨干枝角度变得开张，枝端重心外移，甚至弯曲下垂。离心生长造成分布在远处的吸收根与树冠外围枝叶间的运输距离增大，使枝条生长势减弱。当树木生长接近其最大树体时，某些中心干明显的树种，其中心干延长枝发生分杈或弯曲，称为“截顶”或“结顶”。

当离心生长日趋衰弱，具长寿潜芽的树种，常于主枝弯曲高位处，萌生直立旺盛的徒长枝，开始进行树冠的更新。徒长枝仍按离心生长和离心秃裸的规律形成新的小树冠，俗称“树上长树”。随着徒长枝的扩展，加速主枝和中心干的先端出现枯梢，全树由许多徒长枝形成新的树冠，逐渐代替原来衰亡的树冠。当新树冠达到其最大限度以后，同样会出

现先端衰弱、枝条开张而引起的优势部位下移，从而又可萌生新的徒长枝来更新。这种更新和枯亡的发生，一般都是由（冠）外向内（膛）、由上（顶部）而下（部），直至根颈部进行的，故叫“向心更新”和“向心枯亡”。

对于乔木类树种，由于地上骨干部分寿命长，有些具长寿潜伏芽的树种，在原有母体上可靠潜芽所萌生的徒长枝进行多次主侧枝的更新。虽具潜芽但寿命短，也难以向心更新，如桃等；由于桃潜伏芽寿命短（仅个别寿命较长），一般很难自然发生向心更新，即使由人工更新，锯掉衰老枝后，在下部从不定地方发出枝条来，树冠也多不理想。

凡无潜伏芽的，只有离心生长和离心秃裸，而无向心更新。如松属的许多种，虽有侧枝，但没有潜伏芽，也就不会出现向心更新，而多半出现顶部先端枯梢，或由于衰老，易受病虫侵袭造成整株死亡。只具顶芽无侧芽的树种，只有顶芽延伸的离心生长，而无侧生枝的离心秃裸，也就无向心更新，如棕榈等。有些乔木除靠潜伏芽更新外，还可靠根蘖更新；有些只能以根蘖更新，如乔型竹等。竹笋当年在短期内就达到离心生长最大高度，生长很快；只有在侧枝上具有萌发能力的芽，多数只能在数年中发细小侧枝进行离心生长，地上部分不能向心更新，而以竹鞭萌蘖更新为主。

对于灌木类树种，离心生长时间短，地上部分枝条衰亡较快，寿命多不长，有些灌木干、枝也可向心更新，但多从茎枝基部及根上发生萌蘖更新为主。

对于藤木类树种，先端离心生长常比较快，主蔓基部易光秃。其更新有的类似乔木，有的类似灌木，也有的介于二者之间。

二、草本植物的生命周期

一二年生草本植物，仅生活 1 ~ 2 年，经历幼苗期、成熟期（开花期）和衰老期三个阶段。幼苗期指从种子发芽开始至第一个花芽出现为止，一般 2 ~ 4 个月。二年生草本花卉多数需要通过冬季低温，第二年春才能进入开花期。成熟期指从植株大量开花到花量大量减少为止。这一时期植株大量开花，花色、花形最有代表性，是观赏盛期，自然花期 1 ~ 3 个月。除了水肥管理外，可对枝条摘心、扭梢，使其萌发更多的侧枝并开花，如一串红摘心 1 次可以延长开花期 15d 左右。衰老期指从开花量大量减少，种子逐渐成熟开始，到植株枯死为止，是种子收获期，应及时采收，以免散落。

多年生草本植物，要经历幼年期、青年期、壮年期和衰老期，寿命 10 年左右，各生长发育阶段与木本植物相比短些。

需要注意的是，各发育时期是逐渐转化的，各时期之间无明显界限，通过合理的栽培措施，能在一定程度上加速或延缓下一阶段的到来。

三、木本植物的生命周期

木本植物的生命周期划分为幼年期（童期）、青年期、壮年期和衰老期。各个生长发育时期有不同特点，栽培上应采取相应的措施，以更好地服务于园林。营养繁殖（扦插、嫁接、压条、分株等）的个体，其发育阶段是母体发育阶段的延续，因此没有胚胎期和幼年期或幼年期很短，只有老化过程，一生只经历青年期、壮年期和衰老期。各时期的特点及管理措施与实生树相应时期基本相同。

（一）幼年期

从种子萌发到植株第一次开花为幼年期。在这一时期树冠和根系的离心生长旺盛，光合作用面积迅速扩大，开始形成地上的树冠和骨干枝，逐步形成树体特有的结构，树高、冠幅、根系长度和根幅生长很快，同化物质积累增多，为营养生长转向生殖生长从形态和内部物质上做好了准备。有的植物幼年期仅 1 年，如月季，桃、杏、李为 3 ~ 5 年，而银杏、云杉、冷杉却高达 20 ~ 40 年。总之，生长迅速的木本园林植物幼年期短，生长缓慢的则长。

在该时期的栽培措施是加强土壤管理，充分供应肥水，促进营养器官匀称而稳壮地生长；轻修剪多留枝，形成良好的树体结构，为制造和积累大量营养物质打基础。另外，对于观花、观果的园林植物，当树冠长到适宜大小时，应设法促其生殖生长，可喷施适当的生长抑制物质，或适当环割、开张枝条的角度等促进花芽形成，提早观赏，缩短幼年期。园林绿化中，常用多年生大规格苗木、灌木栽植，其幼年期基本在苗圃内度过，由于此时期植物体高度和体积上迅速增长，应注意培养树形，移植时修剪细小根，促发侧根，提高出圃后的定植成活率。行道树、庭荫树等用苗，应注意养干、养根和促冠，保证达到规定主干高度和一定的冠幅。

（二）青年期

从植株第一次开花到大量开花之前，花朵、果实性状逐渐稳定为止为青年期。是离心生长最快的时期，开花结果数量逐年上升，但花和果实尚未达到本品种固有的标准性状。为了促进多开花结果，一要轻修剪，二要合理施肥。对于生长过旺的树木，应多施磷、钾肥，少施氮肥，并适当控水，也可以使用适量的化学抑制物质，以缓和营养生长。相反，对于过弱的树木，应增加肥水供应，促进树体生长。

总之，在栽植养护过程中，应加强肥水管理，花灌木合理整形修剪，调节植株长势，培养骨干枝和丰满优美的树形，为壮年期的大量开花打下基础。

（三）壮年期

从植株大量开花结实时开始，到结实量大幅度下降，树冠外沿小枝出现干枯时为止为壮年期。这是观花、观果植物一生中最具观赏价值的时期。花果性状已经完全稳定，并充分反映出品种固有的性状。为了最大限度地延长壮年期，较长期地发挥观赏效益，要充分供应肥水，早施基肥，分期追肥。另外，要合理修剪，使生长、结果和花芽分化达到稳定平衡状态。除此之外，平时注意剪除病虫枝、老弱枝、重叠枝、下垂枝和干枯枝，以改善树冠通风透光条件。

（四）衰老期

从骨干枝及骨干根逐步衰亡，生长显著减弱到植株死亡为止为衰老期。这一时期，营养枝和结果母枝越来越少，植株生长态势逐年下降，枝条细且生长量小，树体平衡遭到严重破坏，对不良环境抵抗力差，树皮剥落，病虫害严重，木质腐朽，树体衰老，逐渐死亡。

这一时期的栽培技术措施应视目的不同而异。对于一般花灌木来说，可以截枝或截干，刺激萌芽更新，或砍伐重新栽植，古树名木采取复壮措施，尽可能延长其生命周期。只有在无可挽救、失去任何价值时才予以伐除。

对于无性繁殖树木的生命周期，除没有种子期外，也可能没有幼年期或幼年阶段相对较短。因此，无性繁殖树木生命周期中的年龄时期，可以划分为幼年期、成熟期和衰老期三个时期。各个年龄时期的特点及其管理措施与实生树相应的时期基本相同。

第三节　园林植物的年生长发育周期

一、植物年周期的意义

园林植物的年生长发育周期（简称年周期），是指园林植物在一年中随着环境条件，特别是气候的季节变化，在形态上和生理上产生的与之相适应的生长和发育的规律性变化，如萌芽、抽枝、开花、结实、落叶、休眠等（园林植物栽培学中也称为物候或物候现象）。年周期是生命周期的组成部分，栽培管理年工作历的制定是以植物的年生长发育规律为基础的。因此，研究园林植物的年生长发育规律对于植物造景和防护设计以及制定不同季节的栽培管理技术措施具有十分重要的意义。

二、园林植物的年周期

（一）草本花卉的年周期

园林植物与其他植物一样，在年周期中表现最明显的有两个阶段，即生长期和休眠期。

一年生花卉由于在一年内完成整个生长过程，因此年周期就是生命周期。

二年生花卉秋播后，以幼苗状态越冬休眠或半休眠。

多数宿根花卉和球根花卉则在开花结实后，地上部分枯死，地下贮藏器官形成后进入休眠状态越冬，如萱草、芍药、鸢尾，以及春植球根类的唐菖蒲、大丽花等，或越夏，如秋植球根类的水仙、郁金香、风信子等。还有许多常绿性多年生草本植物，在适宜的环境条件下，周年生长保持常绿状态而无休眠期，如万年青、书带草和麦冬等。

（二）落叶木本植物的年周期

由于温带地区一年中有明显的四季，所以温带落叶树木的季相变化明显，年周期可明显地区分为生长期和休眠期。在这两个时期中，某些树木可能因不耐寒或不耐旱而受到危害，这在大陆性气候地区表现尤为明显。

1. 生长期

从树木萌芽生长到秋后落叶时止，为树木的生长期，包括整个生长季，是树木年周期中时间最长的一个时期。在此期间，树木随季节变化气温升高，会发生一系列极为明显的生命活动现象，如萌芽、展叶抽枝、开花、结实等，并形成许多新的器官，如叶芽、花芽等。萌芽常作为树木生长开始的标志，其实根的生长比萌芽要早。

每种树木在生长期中，都按其固定的物候顺序通过一系列的生命活动。不同树种通过某些物候的顺序不同。有的先萌花芽，而后展叶；有的先萌叶芽，抽枝展叶，而后形成花芽并开花。树木各物候期开始、结束和持续时间的长短，也因树种或品种、环境条件和栽培技术而异。

生长期不仅体现了树木当年的生长发育、开花结实情况，也对树木体内养分的贮存和下一年的生长等各种生命活动有着重要的影响，同时也是发挥其绿化作用的重要时期。因此，在栽培上，生长期是养护管理工作的重点，应创造良好的环境条件，满足肥水的需求，以促进生长、开花、结果。

2. 休眠期

秋季叶片自然脱落是落叶树木进入休眠的重要标志。在正常落叶前，新梢必须经过组织成熟过程，才能顺利越冬。早在新梢开始自下而上加粗生长时，就逐渐开始木质化，并

在组织内贮藏营养物质。新梢停止生长后，这种积累过程继续加强，同时有利于花芽的分化和枝干的加粗等。结有果实的树木，在采、落成熟果实后，养分积累更为突出，一直持续到落叶前。

植物的休眠可根据生态表现和生理活性分为自然休眠和强迫休眠。自然休眠是由植物体内部生理过程决定的，它要求一定时期的低温条件才能顺利通过自然休眠而进入生长，否则此时即使给予适宜的外界条件，也不能正常萌发生长。一般植物自然休眠期从12月始至翌年2月止，植物抗寒力较强。强迫休眠是植物已经通过自然休眠期，但由于环境条件的限制，不能正常萌发，一旦条件合适，即开始进入生长期。

园林树木在休眠期内，虽然没有明显的生长现象，但树体内仍然进行着各种生命活动，如呼吸、蒸腾、芽的分化、根的吸收、养分合成和转化等。所以休眠只是个相对概念。

（三）常绿树的年周期

常绿树的年生长周期不如落叶树那样在外观上有明显的生长和休眠现象，因为常绿树终年有绿叶存在。但常绿树种并非不落叶，而是叶寿命较长，多在一年以上至多年。每年仅脱落一部分老叶，同时又能增生新叶。因此，从整体上看全树终年连续有绿叶。

在常绿针叶类树种中，松属针叶可存活2～5年，冷杉叶可存活3～10年，紫杉叶存活高达6～7年。它们的老叶多在冬春间脱落，刮风天尤甚。常绿阔叶树的老树，多在萌芽展叶前后逐渐脱落。常绿树的落叶，主要是失去正常生理机能的老化叶片所发生的新老交替现象。

热带、亚热带的常绿阔叶树木，其各器官的物候动态表现极为复杂。有些树木在一年中能多次抽梢，如柑橘可有春梢、夏梢、秋梢及冬梢；有些树木在一年内能多次开花结实，甚至抽一次梢结一次果，如金橘；有些树木同一植株上，同时可见有抽梢、开花、结实等几个物候重叠交错的情况；有些树木的果实发育期很长，常跨年才能成熟。

在赤道附近的树木，年无四季，终年有雨，全年可生长而无休眠期，但也有生长节奏表现。在离赤道稍远的季雨林地区，因有明显的干、湿季，多数树木在雨季生长和开花，在干季落叶，因高温干旱而被迫休眠。在热带高海拔地区的常绿阔叶树，也受低温影响而被迫休眠。

第四节 园林植物群体及其生长发育规律

一、园林植物群体组成

（一）园林植物群体的概念

在自然界，任何植物都不是单独地生活，而是有许多不同植物和它生活在一起。这些生长在一起的植物，占据了一定的空间和面积，按照自己的规律生长发育、演变更新，并与环境发生相互作用，形成一个相互依存的植物集体，此称植物群体。按照其在形成和发展中与人类栽培活动的关系来划分，可以分为两类：一类是植物自然形成的，称为自然群体或自然植物群落；另一类是人工栽培形成的，称为栽培群体或人工植物群落。

（二）园林植物群体的组成与特征

1. 自然植物群体的组成与特征

在特定空间或特定生境下由一定的不同植物种类所组成，但各植物种类在数量上并不是均等的。在群体中数量最多或数量虽不多但所占面积却最大的成分，称为优势种，亦称建群种。优势种可以是一种植物，也可以是几种植物。优势种是本群体的主导者，对群体的影响最大。各种自然群体具有一定的形貌特征。

第一，群体的外貌主要取决于优势种的生活型。例如，一片针叶树群体，其优势种为云杉时，则群体的外形呈现尖峭突立的林冠线；若优势种为铺地柏时，则形成一片贴伏地面的、低矮的、宛如波涛起伏的外貌。

第二，群体中，植物个体的疏密程度与群体的外貌有着密切的关系，例如，稀疏的松林与浓郁的松林有着不同的外貌。此外，具有不同优势种的群体，其所能达到的最大密度也极不相同，例如，沙漠中的一些植物群落常表现为极稀疏的外貌，而竹林则呈浓密的丛聚外貌。

群体的疏密度一般用单位面积上的株数来表示。与疏密度有一定关系的是树冠的郁闭度和草本植物的覆盖度，它们均可用“十分法”来表示。以树木而论，树林中完全不见天

日者为10，树冠遮阴面积与露天面积相等者为5，其余则依次按比例类推。

第三，群体中植物种类的多少，对其外貌有很大的影响。例如，单纯一种树木的林丛常形成高度一致的线条，而如果是多种树木生长在一起时，则无论在群体的立面上或平面上的轮廓、线条，都可有不同的变化。

第四，各种植物群体所具有的色彩形相称为色相。例如，针叶林常呈蓝绿色，柳树林呈浅绿色，银白杨树林则呈碧绿与银光闪烁的色相。由于季节不同，在同一地区所产生的植物群落形相称为季相。例如，银杏在春夏表现为绿色，秋冬则为黄色直至落叶。对同一个植物群体而言，一年四季中由于优势种的物候变化以及相应的可能引起群体组成结构的某些变化，也都会使该群体呈现出季相的变化。

第五，植物生活期的长短由于优势种寿命长短的不同，亦可影响群体的外貌。例如，多年生树种和一二年生或短期生草本植物的多少，可以决定季相变化的大小。

第六，各地区各种不同的植物群体，常有不同的垂直结构"层次"。"层次"少的如荒漠地区的植物通常只有一层；"层次"多的如热带雨林中常达六七层及以上。这种"层次"的形成是依植物种的高矮及不同的生态要求而形成的。

在热带雨林中，藤本植物和附生、寄生植物很多，它们不能自己直立而是依附于各层中的直立植物，不能自己独立地形成层次，这些就被称为"层间植物"或"填空植物"。

另外，还有一个概念，即"层片"。"层片"与上述分层现象中的"层次"概念是有差异的。层次是指植物群体从结构的高低来划分的，即着重于形态方面，而层片则是着重于从生态学方面划分的。在一般情况下，按较大的生活型类群划分时，则层片与层次是相同的，即大高位芽植物层片即为乔木层，矮高位芽植物层片即为灌木层。但是，当按较细的生活型单位划分时，则层片与层次的内容就不同了。例如，在常绿树与落叶树的混交群体中，从较细的生活型分类来讲，可分为常绿高位芽植物与落叶高位芽植物两个层片，但从群体的形态结构来讲均属于垂直结构的第一层次，即二者属于同一层次。从植物与环境间的相互关系来讲，层片则更好地表明了其生态作用，因为落叶层片与常绿层片对其下层的植物及土壤的影响是不同的。由于层片的水平分布不同，在其下层常形成具有不同习性植物组成小块组群的、镶嵌状的水平分布。

2. 栽培群体的组成与特征

栽培群体完全是人为创造的，其中有采用单纯种类的种植方式，也有采用间作、套种或立体混交的各种配植方式，因此，其组成结构的类型是多种多样的。栽培群体所表现的形貌也受组成成分、主要的植物种类、栽植的密度和方式等因子制约。

二、园林植物群体的生长发育和演替

在自然界中，植物对环境的适应及其生态分化无时无刻不在发生，这种适应和分化表现在个体的形态、生理、生活史等诸多方面。分化的方向和途径主要由种群及个体所面临的环境条件而定。在环境条件的综合影响中，植物生活所必需的光、温度、水分、土壤等，总是会在一定条件下成为影响植物生态适应的主导因子，对植物产生深刻的影响。

群体是由个体组成的。在群体形成的最初阶段，尤其是在较稀疏的情况下，每个个体所占空间较小，彼此间有相当的距离，它们之间的关系是通过其对环境条件的改变而发生相互影响的间接关系。随着个体植株的生长，彼此间地上部分的枝叶愈益密接，地下部的根系也逐渐互相扭接。至此，彼此间的关系就不再仅为间接的，而是有生理上及物理上的直接关系了。例如，营养的交换、根分泌物质的相互影响以及机械的挤压、摩擦等。研究群体的生长发育和演变规律时，既要注意组成群体的个体状况，也要从整体的状况以及个体与集体的相互关系上来考虑。

目前，有学者认为，园林植物群体的生长发育可以分为以下几个时期。

（一）群体的形成期（幼年期）

这是未来群体的优势种，在一开始就有一定数量的有性繁殖或无性繁殖的物质基础，如种子、萌蘖苗、根茎等。自种子或根茎开始萌发到开花前的阶段属于本期。在本期内不仅植株的形态与以后诸期不同，而且在生长发育的习性上也有不同。在本期中植物的独立生活能力弱，与外来其他种类的竞争能力较弱，对外界不良环境的抗性弱，但植株本身与环境相统一的遗传可塑性却较强。一般言之，处于本期的植物群体要比后述诸期都有较强的耐阴能力或需要适当的荫蔽和较良好的水湿条件。例如，许多极喜日光的树种，如松树等，在头一两年也是很耐阴的。一般的喜光树或中性树幼苗在完全无荫蔽的条件下，由于综合因子变化的关系，反而会对其生长不利。随着幼苗年龄的增长，其需光量逐渐增加。至于具体的由需阴转变为需光的年龄，则因树种及环境的不同而异。在本期中，从群体的形成与个体的关系来讲，个体数量的众多对群体的形成是有利的。在自然群体中，对于相同生活型的植物而言，哪个植物种类能在最初具有大量的个体数量，它就较易成为该群体的优势种。在形成栽培群体的农、林及园林绿化工作中，人们也常采取合理密植、丛植、群植等措施以保证该植物群体的顺利发展。群体生长发育期中，个体的数量较少，群体密度较小时，植物个体常分枝较多，个体高度的年生长量较少；反之，群体密度大时，则个体的分枝较少，高生长量较大，但密度过大时，易发生植株衰弱，病虫孳生的弊害，因而在生产实践中应加以控制，保持合理的密度。

（二）群体的发育期（青年期）

这是指群体中的优势种从开始开花、结实到树冠郁闭后的一段时期，或先从形成树冠（地上部分）的郁闭到开花结实时止的一段时期。在稀疏的群体中常发生前者的情况，在较密的群体中则常发生后者的情况。从开花结实期的早晚来讲，在相同的气候、土壤等环境下，生长在郁闭群体中的个体常比生长在空旷处的单株（孤植树）个体开花迟，结实量也较少，结实的部位常在树冠的顶端和外围。以生长状况而言，群体中的个体常较高，主干上下部的粗细变化较小，而生于空旷处的孤植树则较矮，主干下部粗而上部细，即所谓“削度”大，枝干的机械组织也较发达，树冠较庞大而分枝点低。在群体发育期中由于植株间树冠彼此密接形成郁闭状态，因而大大改变了群体内的环境条件。由于光照、水分、肥分等因素的关系，使个体发生下部枝条的自枯现象。这种现象在喜光树种表现得最为明显，而耐阴树种则较差，后者常呈现长期的适应现象，但在生长量的增加方面较缓慢。

在群体中的个体之间，由于对营养的争夺结果，有的个体表现生长健壮，有的则生长衰弱，渐处于被压迫状态以至于枯死，即产生了群体内部同种间的自疏现象，而留存适合与该环境条件的适当株数。与此同时，群体内不同种类间也继续进行着激烈的竞争，从而逐渐调整群体的组成与结构关系。

（三）群体的相对稳定期（成年期）

这是指群体经过自疏及组成成分间的生存竞争后的相对稳定阶段。虽然在群体的发展过程中始终贯穿着生理生态上的矛盾，但是在经过自疏及种间竞争的调整后，已形成大体上较稳定的群体环境和大体上适应与该环境的群体结构和组成关系（虽然这种作用在本期仍然继续进行，但是基本上处于相对稳定的状态），这时群体的外貌特征，多表现为层次结构明显、郁闭度高、物种稳定、季相分明等。各种群体相对稳定期的长短是有很大差别的，主要由群体的结构特征、发育阶段以及外界的环境因子间关系所决定。

（四）群体的衰老期及群体的更新与演替（老年及更替期）

由于组成群体主要树种的衰老与死亡以及树种间竞争继续发展的结果，整个群体不可能永恒不变，而必然发生群体的演变现象。由于个体的衰老，形成树冠的稀疏，郁闭状态被破坏，日光透入树下，土地变得较干，土温亦有所增高，同时由于群体使其内环境发生改变。例如，植物的落叶等对于土壤理化性质的改变等。总之，群体所形成的环境逐渐发生巨大的变化，因而引起与之相适应的植物种类和生长状况的改变，因此造成群体优势种演替的条件。例如，在一个地区上生长着相当多的桦树，在树林下生长有许多桦树、云杉和冷杉幼苗；由于云杉和冷杉是耐阴树，桦树是强喜光树，所以前者的幼苗可以在桦树的保护下健壮生长，又由于桦树寿命短，经过四五十年就逐渐衰老，而云杉与冷杉却正是转入旺盛生长的时期。所以一旦当云杉与冷杉挤入桦树的树冠中并逐渐高于桦树后，由于树冠的逐渐郁闭，形成透光性差的阴暗环境，不论对成年桦树或其幼苗都极不利，但云杉、冷杉的幼苗却有很强的耐阴性，故最终会将喜强光的桦树排挤掉，而代之为云杉与冷杉的混交群落。

这种树种更替的现象，是由于树种的生物学特性及环境条件的改变而不断发生的。但每一演替期的长短是很不相同的，有的仅能维持数十年（即少数世代），有的则可呈长达数百年的（即许多世代的）长期稳定状态。对此，有的生态学家曾主张植物群落演变到一定种类的组成结构后就不再变化了，故称为“顶极群落”的理论。其实这种看法是不正确的，因为环境条件不断发生变化，群落的内部与外部关系永远都在旧矛盾的统一和新矛盾的产生中不断地发生变化，因此只能认为某种群体可以有较长期的相对稳定性，却绝不能认为它们是永恒不变的。

一个群体相对稳定期的长短，除了因本身的生物习性及环境影响等因子外，与其更新能力也有密切的关系。群体的更新通常有两种方式，即种子更新和营养繁殖更新。在环境条件较好时，由大量种子可以萌生多数幼苗，如环境对幼苗的生长有利，则提供了该种植物群落能较长期存在的基础。树种除了能用种子更新外，还可以用根蘖、不定芽等方式进行营养繁殖更新，尤其当环境条件不利于种子时更是如此。例如，在高山上或寒冷处，许多自然群体常不能产生种子，或由于生长期过短，种子无法成熟，因而形成从水平根系发出大量根蘖而得以更新和繁衍的现象。由种子更新的群体和由营养繁殖更新的群体，在生长发育特性上有许多不同点，前者在幼年期生长的速度慢但寿命长，成年后对于病虫害的抗性强；后者则由于有强大的根系，故生长迅速，在短期内即可成长，但由于个体发育上的阶段性较老，故易衰老。园林工作者应分情况，按不同目的和需要采取相应措施，以保证群体的个体更新过程能顺利进行。

总之，通过对群体生长发育和演替的逐步了解，园林工作者的任务即在于掌握其变化的规律，改造自然群体，引导其向有利于我们需要的方向变化。对于栽培群体，则在规划设计之初，就要能预见其发展过程，并在栽培养护过程中保证其具有较长期的稳定性。但是，这是一个相当复杂的问题，应在充分掌握种间关系和群体演替等生物学规律的基础上，进行能满足园林的“改善防护、美化和适当结合生产”的各种功能要求。例如，有的城市曾将速生树与慢长树混交，将钻天杨与白蜡、刺槐、元宝枫混植而株行距又过小、密度很大，结果在这个群体中的白蜡、元宝枫等越来越受到抑制而生长不良，致使配植效果欠佳。

若采用乔木与灌木相结合，按其习性进行多层次的配植，则可形成既稳定而生长繁茂又能发挥景观层次丰富、美观的效果。例如，人民大会堂绿地中，以乔木油松、元宝枫与灌木珍珠梅、锦带花、迎春等配植成层次分明，又符合植物习性的树丛，则是较好的例子。

第三章 环境对园林植物生长发育的影响

第一节 光、温度与园林植物

一、光与园林植物

植物通过光合作用，将太阳辐射转变为化学能，贮藏在合成的有机物质当中，除了供给自身消耗，还提供给其他生物体，为地球上几乎一切生命提供了生长、运动和繁殖的能源。太阳辐射的周期性变化、强弱以及辐射时间对植物的生长发育和地理分布都会产生深刻的影响，而植物本身对光的反应也会产生多样的变化。

（一）光对园林植物生长发育的影响

光照对园林植物生长发育的影响主要表现在三个方面：光照强度、光质以及光照时间。

1. 光照强度对园林植物的影响

光照强度是指单位面积的植物叶片上所接受的可见光的能量，简称照度，单位为勒克斯（lx）。光照强度影响叶绿素的形成，因此在黑暗环境中植物一般不能合成叶绿素，但能合成胡萝卜素，导致植物叶片发黄，称为黄化现象。黄化植物表现为茎细长瘦弱，节间距离拉长，叶片小而不展开，植株伸张但重量下降。

光照强度与植物的生长发育、形态结构以及分布都有密切的联系。

（1）光照强度影响园林植物的生长发育

绝大多数植物种子的萌发对光环境并没有明确要求，但也有例外，如桦树种子萌发需要光照，百合科植物种子萌发需要荫蔽条件。在植物群落中，不同植物种子萌发、幼苗生长对光照强度的要求并不一致，这也是顶级群落能维持和群落不断发生演替的重要原因。

无论哪种类型植物，其光合作用速率都与光照强度密切相关。在低光照条件下，随着光照强度的增加，光合速率增加，合成的糖类物质增加。当植物光合作用合成的产物恰好抵偿呼吸消耗时的光照强度称作光补偿点。光照增加到一定程度之后，光合作用速率的增加就逐渐减慢，最后到达一定的限度。而当植物光合作用不再随着光照强度的增加而增加时的光照强度称作植物的光饱和点。

植物开花需要大量消耗营养物质。因此，光照强度直接影响植物开花的数量和品质。光照充足，植物开花数量多，颜色艳；而在光照不足的条件下，花朵数量少，颜色浅，因而观赏性降低。

（2）光照强度影响园林植物的形态

光照强度的高低还会影响植物叶片的形态。阳生叶通常叶片较小、角质层较厚、叶绿素含量较少；阴生叶则叶片较大、角质层较薄、叶绿素含量较高。

光照强度影响树冠的结构。喜光树种树冠较为稀疏、透光性较强，自然整枝良好，枝下高较高，树皮通常较厚，叶色较淡；耐阴树种树冠较为致密、透光度小，自然整枝不良，枝下高较矮，树皮通常较薄，叶色较深；而中性树种介于两者之间。

（3）光照强度影响园林植物的分布

根据对光照强度需求的不同，可将植物分为喜光植物、耐阴植物和中性植物。如果将强喜光植物置于荫蔽环境条件下，植物生长不好，可能死亡；相反，如果耐阴植物置于强光下，植物生长也不好，也可能死亡。

2. 光质对园林植物的影响

太阳辐射中能被植物光合色素吸收具有生理活性的波段在 0.38 ~ 0.74μm，称为光合有效辐射（PAR），与可见光的波段基本相符。研究证实，可见光中对植物生理活动具有最大活性的是橙光、红光，其次是蓝光，植物对绿光吸收量少。在短波方面，0.29 ~ 0.38μm 波长的紫外光能有效抑制植物茎的延伸，促进花青素的形成；而小于 0.29μm 波长的紫外光对生物具有很强的杀伤作用。红外光不能引发植物的生化反应，但具有增热效应。

3. 光照时间对园林植物的影响

由于地球的自转与公转，地球上同一位置上在不同季节的一天之中，白天与夜晚的长度是不一样的。在一天之中，白天与黑夜的相对长度，称为光周期。光周期对植物成花诱导有着极为显著的影响，对植物的落叶、休眠等也有着重要作用。植物生长发育对日照规律性变化的反应，称为植物的光周期现象。根据植物开花对日照长度的需求不同，可将植物分成四类。

（1）长日照植物

长日照植物是指在 24h 昼夜周期中，日照长度长于一定时数，才能成花的植物。对这些植物延长光照可促进或提早开花。相反，如延长黑暗则植物只进行营养生长，推迟开花或不能成花。如唐菖蒲、满天星、金盏菊、大岩桐、凤仙花等。

（2）短日照植物

短日照植物是指在 24h 昼夜周期中，日照长度短于一定时数，才能成花的植物。深秋开花的植物多属于此类，在夏季只进行营养生长，随着秋季来临，日照时间短于临界日长后，才开始花芽分化。这类植物如牵牛花、苍耳、菊花、一品红、波斯菊、长寿花、蟹爪兰等，人工缩短光照时间可使这类植物提前开花。

（3）中日照植物

中日照植物是指花芽形成过程需经中等日照时间的植物，如甘蔗开花要求 12.5h 的日照。

（4）日中性植物

日中性植物是指完成开花和其他生活史阶段与日照长度无关的植物。这类植物只要温度合适就可以正常开花结果，如月季、非洲菊、天竺葵、美人蕉、香石竹、蒲公英以及番茄、四季豆、黄瓜等。

光周期不仅对植物的开花有调控作用，而且在很大程度上控制着许多植物的休眠和生长，如对一些球根花卉而言，短日照促进美人蕉、唐菖蒲、晚香玉、秋海棠球根的发育，而水仙、石蒜、郁金香、仙客来、小苍兰等的球根在长日照下休眠。

（二）城市光环境特征

城市地区云雾增多，空气污染严重，使得城市大气浑浊度增加，从而导致到达地面的太阳直接辐射减少，散射增多，而且越靠近市中心，这种辐射量的变化越大。

由于城市建筑物的高低、朝向、建筑体量大小及街道宽窄不同，城市局部地区太阳辐射的分布很不均匀，即使同一条街道的两侧也会出现很大的差异。由于建筑物的遮挡，植物的生长发育会受到相应的影响，特别是建筑物附近的树木接收到的太阳辐射量不同，极易形成偏冠，使树冠朝街心方向生长。

此外，在城市环境中，随着人类社会的进步以及照明科技的发展，人类生存环境中逐渐出现了过量的光辐射，甚至对人及其他生物的正常生存、生产环境造成不良影响，形成了光污染。光污染一般可以分为人造白昼污染、白亮污染和彩光污染三种。

1. 人造白昼污染

人造白昼污染是指由于地面产生的人工光在尘埃、水蒸气或其他悬浮粒子的反射或散射作用下进入大气层，导致城市上空发亮。天空亮度的增加影响人体正常的生物钟，并通过扰乱正常的激素产生量影响人体健康。人造白昼的人工光还对生物圈内的其他生物造成潜在的和长期的影响。如植物的生长发育因人造白昼改变了光周期而受到影响。

2. 白亮污染

白亮污染主要由强烈的人工光和玻璃幕墙反射光、聚焦光产生，如常见的炫光污染就

属于此类。据测定，一般白粉墙的光反射系数为69%～80%，镜面玻璃的光反射系数为82%～88%，特别光滑的粉墙和洁白的书簿纸张的光反射系数高达90%，比草地、森林或毛面装饰物面高10倍左右，构成了现代社会新的污染源。为了减少白光污染，可加强城市地区绿化尤其是立体绿化，利用绿篱做墙，从而减少白亮污染，保护视觉健康。

3. 彩光污染

各种黑光灯、荧光灯、霓虹灯、灯箱广告等是主要的彩光污染源。彩光污染对生物的影响目前主要集中在对人的影响方面。据测定，彩光污染会引起人头晕目眩、烦躁不安、食欲不振和乏力失眠等光害综合征，还会影响人的心理健康。

二、温度与园林植物

温度是影响园林植物生长发育最重要的环境因子。温度不仅决定植物的自然分布，而且植物的所有生命活动都与温度密切相关。温度的变化还会导致其他环境因子，如湿度、空气流动等发生变化，从而影响植物的生长发育。

由于城市下垫面材料的改变和建筑物的影响，城市区域温度条件产生了变化，影响园林植物的栽培与管理；同时，人们利用植物的蒸腾作用调节城市温度。因此，温度对于园林植物来说，是一个不容忽视的重要生态因子。

（一）温度对园林植物的生态作用

1. 温度对园林植物生长发育的影响

园林植物生长发育对温度的适应性表现为最低温度、最适温度和不能超过的最高温度，即温度的“三基点”。

只有在适宜的温度条件下种子才能萌发。多数树木种子萌发的最适宜温度为25～30℃。有些植物种子发芽前，低温处理可提高种子萌发率。

温度对园林植物的开花结实也有影响。温度对园林植物开花的影响首先表现在花芽分化方面。有些花卉在开花前需要一段时间的低温刺激，才具有开花的潜力，如金盏菊、雏菊、金鱼草等，这种经过低温处理促使植物开花的作用称为春化作用。此外，温度对花色也有一定的影响，温度适宜时，花色艳丽，反之则暗淡。

2. 温度节律对园林植物生长发育的影响

温度的季节变化与昼夜变化都是有规律的，植物对温度变化规律的反应称作温周期现象，表现为日温周期现象和季温周期现象。在一定的温度范围内，白天适当高温有利于光合作用，夜间适当低温减弱呼吸作用，二者相结合使植株消耗减少，净积累增多。

3. 温度与植物分布的关系

影响植物分布的温度因素包括极端温度、年平均温度和积温三个方面。

（1）极端温度

冬季的极端低温是高纬度地区和高海拔地区限制植物分布的主要因素，直接决定了物种水平和垂直分布的上限；而夏季的极端高温则是低纬度或者低海拔地区限制植物分布的主要因素。

（2）年平均温度

某个区域的温度多数集中在某个相对稳定的区域，且常接近该区域的平均温度。各区域的平均温度对植物的分布产生重要影响，特别是年平均温度和典型月份的平均温度。

（3）积温

是指植物在整个生长发育期或某一发育阶段内，高于某一特定温度以上的热量总量。不同植物要求不同的积温总量。生产中有有效积温和活动积温两种：活动积温是指特定温度为物理学 0℃的积温；有效积温是指特定温度为生物学零度的积温。生物学零度是指植物生长发育的起点温度，高于这一温度，植物才开始生长发育。温带地区常以 5℃或 6℃，亚热带地区以 10℃为生物学零度。

（二）极端温度对园林植物的影响

1. 低温对园林植物生理活动的影响

低温对园林植物造成的直接伤害有冷害与冻害两种类型。

（1）冷害

是指 0℃以上的低温对植物造成的伤害。0℃以上低温对植物的伤害作用，主要是由于在低温条件下三磷酸腺苷（ATP）减少，酶系统紊乱，活性降低，导致植物的光合、呼吸、蒸腾作用以及物质吸收、运输、转移等生理活动的活性降低，彼此之间的协调关系遭到破坏。冷害是喜温植物向北方引种和扩张分布的主要障碍。如热带植物丁香蒲桃，在极端气温降至 6℃时，叶片呈水渍状，降至 3.4℃时顶梢干枯，受害严重。

（2）冻害

是指 0℃以下低温使植物体（包括细胞内和细胞间隙）形成冰晶引起的伤害。植物组织结冰时，一方面使细胞失水，导致细胞原生质浓缩，进而造成胶体物质的沉淀；另一方面使压力增加，促使细胞膜变性和细胞壁破裂，严重时引起植物死亡。在我国北方地区，冻害是低温的主要伤害形式。植物受冻害后，温度急剧回升比缓慢回升对植物的伤害更严重。

2. 高温对园林植物生理活动的影响

高温会增强植物的呼吸作用，破坏植物的水分平衡，导致蛋白质凝固和有害次生代谢物质的积累，严重时会直接灼伤植物叶片、芽、树皮，使植物枯黄受害。高温危害在城市街区、铺装地面、沙石地和沙地最易发生。

（1）皮烧

树木受强烈的太阳辐射，温度升高特别是温度的快速变化而引起形成层和树皮组织的局部死亡。皮烧多发生在冬季，朝南或南坡地域以及有强烈太阳光反射的城市街道，树皮光滑的成年树易发生。可以通过对树干涂白反射掉大部分的热辐射而减轻危害。

（2）根茎灼伤

当土壤表面温度增高到一定程度时，将灼伤幼苗柔软的茎而造成伤害，特别是病原体易入侵，引发病害。根茎灼伤多发生在苗圃，可通过遮阴或喷水降温以减轻危害。

（三）园林植物对温度的调节作用

1. 园林植物的遮阴作用

植物的遮阴，会产生明显的降温效果。园林植物的遮阴作用不单纯指对地面的遮阴，对建筑物的墙体、屋顶等也具有遮阴效果。据调查，夏季，墙体温度可达 50℃，而用藤蔓植物进行墙体、屋顶绿化，其表面温度则一般不超过 35℃，从而证明墙体、屋顶园林植物的遮阴作用。

2. 园林植物的凉爽作用

园林植物通过蒸腾作用吸收环境中大量热量，从而降低环境温度，同时释放水分，增加空气湿度，产生凉爽效应。对于夏季高温干燥的地区，园林植物的这种作用就显得特别重要。

3. 营造局部小气候

城市建筑物和城市的植物群落之间因为空气密度的差异会形成气流交换，形成一股微风，形成局部小气候。

4. 园林植物的覆盖面积效应

解决城市问题不完全取决于园林植物的覆盖面积，但它的大小是城市环境改善与否的重要限制因子。园林植物的降温效果非常显著，而绿地面积的大小更直接地影响降温效果。绿化覆盖率与气温间具有负相关关系，即在一定范围内覆盖率越高，气温越低。在良好绿化的基础上，植物覆盖面积对消除城市热岛效应有着重要的意义。

第二节 水、大气与园林植物

一、水与园林植物

水是植物体的重要组成部分，也是植物进行生命活动的必要条件。水直接参与植物的新陈代谢活动，是植物光合作用的原料；同时，水还能调节植物体和环境的温度。

（一）水对植物的生态作用

水对植物的生态作用是通过水的特殊理化性质给植物生命活动营造了一个有利的环境。

1. 水是植物体温调节器

在环境温度波动的情况下，植物体内大量的水分可维持体温相对稳定。在烈日暴晒下，通过蒸腾散失水分，以降低体温，使植物不受高温的伤害。

2. 水可调节植物生存环境

水分可以增加大气湿度，改善土壤以及土壤表面大气的温度等。在作物栽培中利用水来调节作物周围小气候是农业生产中有效的措施。

植物对水分的需要包括生理需水和生态需水两个方面，满足植物的需水对植物的生命活动及生长发育有重要作用。

（二）植物体内的水分平衡

植物体内水分平衡是植物在生命活动过程中吸收的水分和消耗的水分之间的平衡。植物生长生活必须依赖于根吸收水、茎输导水和叶蒸腾水这三者之间的适当平衡。当失水小于吸水的时候植物可能出现吐水的现象；而当蒸腾作用大于植被体内吸收的水分时，植物体内出现水分亏缺，呈现出萎蔫的状态，体内各种代谢活动都受到影响，植物的生长受到抑制。

影响植物根系吸水的环境因子主要有土壤因子和大气因子等。土壤含水量较低时，水的黏滞性增加，移动速度减慢，从而使植物根系的吸水能力降低。而大气因子如光、温、风和大气湿度等对植物的蒸腾作用有很大的影响，进而影响植物根系的吸水能力。

（三）以水分为主导的植物类型划分

植物为了适应不同环境，在形态上和生理机能上形成了对水分的特殊要求。不同的植物对水分的适应能力不同，按照水分适应的情况，通常将植物分为水生和陆生（包括旱生、中生和湿生）两大类。

1. 水生植物

水生植物的植物体全部或大部分浸没在水里，一般情况下，它们不能脱离水湿环境。

水生植物的适应特点是通气组织发达，以此保证体内对氧气的需求；叶片常呈带状、丝状或极薄，这有利于增加采光面积以及吸收二氧化碳和无机盐；为了适应水的流动，植物体弹性较强，具有抗扭曲能力；淡水植物具有自动调节渗透压的能力。根据植被生长的水层深浅不同，可将水生植物分为沉水植物、浮水植物和挺水植物。

（1）沉水植物

这是典型的水生植物，其整个植株沉于水中，这类植物无根或根系不发达，通气组织特别发达，表皮细胞可以直接吸收水中的气体、营养物质和水分，叶绿体大而多，以适应水中的弱光环境，其无性繁殖比有性繁殖发达，如金鱼藻、苦草、狸藻等。

（2）浮水植物

其根或根状茎生于泥中，茎细弱不能直立，叶片漂浮在水面上，气孔在叶上面，维管束和机械组织不发达，无性繁殖速度快，生产力高，如睡莲、浮萍、芡实等。

（3）挺水植物

其茎、叶、花挺出水面，根或根状茎生于泥中，如芦苇、荷花、甜茅等。

2. 陆生植物

陆生植物即陆地上生长植物的统称，它包括湿生、中生、旱生植物三大类。

（1）湿生植物

生长在潮湿的环境中，若在干燥或中生的环境下常常生长不良或死亡，是抗旱能力最弱的陆生植物。由于环境的极度潮湿，蒸腾作用极大减弱，因此湿生植物抑制蒸腾的结构弱化。典型的湿生植物叶面积很大，光滑无毛，角质层薄，无蜡层，通气组织发达，如气生根、膝状根、板根等。许多湿生植物还有泌水组织（水孔）以促进水分的代谢。湿生植物的吸收和输导组织也相应简化，表现为根系浅，侧根少而延伸不远，中柱不发达，导管少，叶脉稀疏。湿生植物多生长在沼泽、滩涂、湖泊低洼地、池塘边、山谷湿地或潮湿区域的森林下。常用于园林上的湿生植物有水杉、枫杨、海芋、秋海棠、龟背竹、鸢尾、肾蕨、红蓼等。

（2）中生植物

介于旱生植物和湿生植物之间。中生植物的根系、输导系统、机械组织、抑制蒸腾作用的结构等，比湿生植物要发达，但比不上旱生植物，大多数森林树种、果树、草地的草类、林下杂草等都是中生植物，是种类最多、分布最广、数量最大的陆生植物。

（3）旱生植物

是指生长在干旱的环境中并且在长时间干旱的条件下仍旧能够维持水分平衡和生长发育的一类植物。旱生植物在外部形态和内部构造上都产生了许多适应干旱环境的变化。叶片变小，退化成鳞片状、针状或刺毛状，叶表面具有较厚的角质层、蜡质层或茸毛，或茎叶具有发达的贮水薄壁组织；还有些植物根系和输导系统发达；还有的种类当体内水分降低时，叶片出现卷曲或折叠状。常用于园林上的旱生植物有马尾松、天竺葵、石楠、山茶、天门冬等。

（四）植物对水分的调节作用

1. 增加空气湿度

园林植物具有很强的蒸腾作用，特别是在夏季，植物 99% 以上的水分消耗是通过叶面蒸腾进入大气之中。园林树木能遮挡大量的太阳热辐射，还具有降低风速的作用，能够阻碍水蒸气迅速扩散。因此，植物具有较好的增加空气相对湿度的效应。研究表明，一般森林的相对湿度比城市高 36%，公园的相对湿度比城市其他区域高 27%，即使在冬季，绿地的相对湿度也比非绿地地段高 10% 左右。相较而言，乔灌草配置的园林绿地降温增湿效果比单一的灌木林或草坪高很多。

2. 涵养水源，保持水土

对于森林群落而言，茂盛的林冠对降水存在截流作用，群落内的地被植物对水分有很强的吸滞作用，森林土壤孔隙度大，能保持大量水分，因此植物群落对降水形成了再分配。有植物的地表与无植物的地表相比水分条件发生了很大变化。

（五）城市水环境与园林植物

1. 城市区域水环境的特点

城市地区的降水主要受到所处的地理位置的影响。此外，由于城市地区人口密集，耗水量大，城市下垫面与自然地面存在很大的差异，城市地区的水环境特征明显不同于周围农村地区，有其特殊性，主要体现在以下几个方面。

（1）城市地区降水量大

城市地区建筑物的增多，大大提升了城市下垫面的粗糙度，特别是一些高层建筑强烈阻碍通过城市的空气流，在小区域内形成涡流，导致“堆积”现象。另外，城市上空大气污染物的浓度远高于郊区，堆积的气流在丰富的凝结核作用下易形成降水。因此，城市地区的降水量强度和频度均高于郊区。

（2）城市空气湿度低、云雾多

由于城市下垫面粗糙度大，又有城市热岛效应，其空气机械湍流和热力湍流都强于郊区，通过湍流的垂直交换，城区低层水汽向上空空气的输送量又比郊区多，这两者均导致城区近地面的水汽压小于郊区，表现为城市空气湿度低，形成“城市干岛”；同时，城市上空大气颗粒污染物为雾的形成提供了丰富的凝结核，建筑群的存在则降低了风速，为雾的形成提供了合适的风速条件。当城市近地面空气的相对湿度接近或达到饱和时，水汽在凝结核上凝结为水滴，这些小水滴与城市烟尘悬浮在城市低空形成雾障。

（3）城市径流量增加

在自然环境中，地表有良好的透水性和较大的孔隙度。在城市地区，由于人类活动的影响，城市土壤发生显著性变化，自然土壤地面少，街道、广场和建筑物均铺有不透水的钢筋混凝土和沥青，排水系统管网化，近 2/3 的雨水流入下水道形成地表径流，加之城市区域河道系统经过整治改造，输水能力提高的同时，自然河道和低洼地的调蓄能力下降。因此，降雨来临时，洪水峰值来得早，峰值高，但持续时间短。

（4）城市区域水体污染严重

水污染是指进入水体中的污染物质超出了水体的自净能力，使水体的组成和性质发生变化，从而使动植物生长环境恶化，人类生活与生产受到不良影响。城市区域常见的水体污染类型有水体富营养化、有毒物质污染、热污染以及需氧物质污染四大类。

①水体富营养化

是指水体中氮、磷、钾等营养物质过多，导致水中的浮游生物（主要是藻类）过度繁殖。水体富营养化之后，大量有机物残体分解以及浮游植物呼吸耗氧，水体中溶氧量明显减少，水体浑浊、透明度降低，严重时导致水中动物窒息死亡。有些水生藻类死亡后残体分解还会产生毒素，水生动物积累毒素后通过食物链进入人体，可能危害人类健康。

②城市水体有毒物质污染

主要包括两大类：一类是指汞、铬、铜等重金属，主要来自工矿企业所排的废水；另一类是指有机氯、有机磷、芳香族氨基化合物等化工产品，这类污染物不易被微生物分解，有些是致癌、致畸物质。

③城市水体热污染

是指如火力发电厂等城市工业生产过程产生的废余热散发到水体中，使水体温度明显提高，影响水生生物生长发育过程的现象。研究表明，水体温度的微小变化都会影响到生物多样性的变化，温度过高将导致水生生物处于死亡的边缘。

④需氧物质污染

近年来，城市生活污水量越来越大，其中含有大量糖类、蛋白质、油脂、木质素等有机物质。这些物质以悬浮或溶解状态存在，需要通过微生物进行分解，在分解过程中需要消耗水中的溶解氧，因此叫作需氧物质。这类污染物的主要危害是造成水体中溶解氧的减少，影响鱼类和其他水生生物的生长。当水体中溶解氧消耗殆尽，有机物质进行厌氧分解，会产生硫化氢、氨和硫醇等，使水质进一步恶化。

2. 植被对水体的净化

植物对水污染的净化作用主要表现在两个方面：一是植物的富集作用。植物可以吸收水体中的溶解质，植物体对元素的富集浓度是水中浓度的几十至几千倍，对净化城市污水有明显的作用。例如，利用水葱对酚的吸收、积累和代谢的特征，净化含酚废水，水葱具有庞大的气腔和根茎，生命力强，吸收能力高，而且干枯的植株漂浮水面，使水葱吸收的酚不至于重返水中或沉积于淤泥中。二是植物具有代谢解毒的能力。如氰化物是一种毒性很强的物质，但通过植物的吸收，在植物体内与丝氨酸结合变成腈丙氨，再转变成天冬酰胺，最终变为无毒的天冬氨酸。

植物对水污染的净化功能，可直接用于城市污水处理。如将污水有控制地投配到生长有多年生牧草、坡度和缓、土壤渗透性低的坡面上。污水沿坡面缓慢流动，从而达到净水的目的。同时，可以选取吸收有毒物质能力较强的观赏植物，既可以美化环境，也可以达到净化环境的目的。

二、大气与园林植物

大气是指包围在地球外围的空气层，大气中含有植物生活所必需的物质，如光合作用需要的二氧化碳和呼吸作用需要的氧气，对流层中还含有水汽、粉尘等，它们在热量的作用下，形成风、雨、霜、雪、露、雾和冰雹等，调节地球环境的水热平衡，影响生物的生长发育。

大气因子中，影响园林植物生长发育的因素主要是大气污染和风。

（一）大气污染与园林植物

大气污染是指人类活动向大气中排放的有害物质过多，超过大气及生态系统的自净能力，破坏了生物和生态系统的正常生存和发展条件，对生物和环境造成危害的现象。

1. 大气污染的种类

大气污染物种类很多。按污染物的来源，大气污染可分为自然污染和人为污染两种：自然污染发生于自然过程本身，如火山爆发、沙尘暴等；人为污染由人类生产活动引起，如燃料燃烧、工业生产中的废气排放、交通运输工具的尾气排放等。

大气污染按其存在状态可分为颗粒状污染物和气态污染物两大类。颗粒状污染物是指空气中分散的、微小的固态或液态物质，一般可分为烟、雾、灰霾和粉尘等；气态污染物是指直接进入大气的气态污染物（即初级污染物），主要包括硫氧化物、氮氧化物、碳氢化物、碳氧化物等。

2. 大气污染对园林植物的危害

大气污染对园林植物的危害是从叶片开始的。污染物不同，对园林植物的危害方式也不同。

固体颗粒，如煤、石灰粉尘、硫黄粉等，大量吸附在植物叶片上，一方面堵塞叶子的气孔及皮孔，阻挡空气的顺利交换和水分的蒸腾，同时还起到遮光作用，降低光合强度；另一方面，微尘中的一些有毒物质可溶解渗透，进入植物体内毒害植物，而且植物易遭受附着在粉尘上的病菌感染，影响植物的生长发育。

气态污染物可以从叶片气孔侵入，然后扩散到叶肉组织和植物体的其他部分。污染物进入叶片后，损害叶片内部结构，影响气孔关闭，干扰光合作用、呼吸作用和蒸腾作用的正常进行，并破坏酶活性，同时有毒物质还能在植物体内进一步分解或参与合成，产生新的有害物质，进一步危害植物。

由于大气污染物多数是通过气孔进入植物的，植物首先受害的往往是叶片，受不同气体危害，叶片表现出的症状也不同。

（1）二氧化硫（SO_2）对园林植物的危害

一般来讲，大气中的 SO_2 浓度超过 0.3mol/L，园林植物就能够表现出受伤害症状。SO_2 通过叶片呼吸进入组织内部后积累到致死浓度时，使细胞酸化中毒，叶绿体破坏，细胞变形，发生质壁分离，从而在叶片的外观形态上表现出不同程度的受害症状。大部分阔叶树受 SO_2 危害后，在叶片的脉间出现大小不等、形态不同的坏死斑，因树种不同而呈现出褐色、棕色或浅黄色。受害部分与健康组织之间界限明显。针叶树受害后，叶色褪绿变浅，针叶顶部出现黄色坏死斑或褐色环状斑，并逐渐向叶基部扩展至整个针叶，最后针叶枯萎脱落。受害最严重的是当年发育完全的成熟叶，老叶和未成熟的叶受害较轻。

（2）氯气（Cl_2）对园林植物的危害

Cl_2 对园林植物的危害表现在：使原生质膜和细胞壁解体，叶绿体受到破坏。树木受到 Cl_2 危害后的主要症状为出现水渍斑，在低浓度时水渍斑消退，出现褐色或褪绿斑，褪绿多发生在脉间。阔叶树受 Cl_2 危害后，症状最重的是发育完全生理活动旺盛的功能叶；针叶树受害后，叶色褪绿变浅，针叶顶端产生黄色或棕褐色伤斑，随症状发展向叶基部扩展，最后针叶枯萎脱落，与 SO_2 所产生的症状相似。

（3）氟化氢（HF）对园林植物的危害

HF 使组织产生酸性伤害，原生质凝缩，叶绿素受到破坏，阔叶树受害后，叶尖和叶缘处出现褐色或深褐色坏死斑，坏死斑自叶尖沿叶缘向叶基部扩展，坏死斑与健康组织之间界限明显。针叶树受害后，针叶尖端出现棕色或红棕色坏死斑，与健康组织界限明显，最后干枯脱落。由于针叶树对氟化物十分敏感，大气中 HF 浓度在 0.003mol/L 时就可以危害到园林植物。所以一般有氟化物的地方，很少有针叶树生长。植物受 HF 危害后，枝条顶端的幼叶受害最重，这是与 SO_2 和氯气受害症状最显著的区别。

（4）光化学烟雾对园林植物的危害

光化学烟雾是由汽车和工厂排放的氮氧化合物和碳氢化合物在太阳紫外线照射下，发生光化学反应产生的混合烟雾，其主要成分是臭氧。一般臭氧浓度超过 0.05mol/L 时就会对植物造成伤害，主要破坏栅栏组织细胞壁和表层细胞，植物受害后，叶片失绿，叶表现出褐色、红棕色或白色斑点，斑点较细，一般分布在整个叶片。

3. 园林植物对大气的净化作用

园林植物对大气的净化作用主要表现为滞尘，吸收有毒气体，减少细菌，减弱噪声，吸收二氧化碳，释放氧气，增加空气负离子以及吸收放射性物质等。

（1）滞尘

在重力和风的作用下，粉尘可沉降在植物表面，通过其枝叶对粉尘的截留和吸附作用，从而实现滞尘效应。当含尘气流经过树冠时，一部分颗粒较大的灰尘被树叶阻挡而降落；另一部分滞留在枝叶表面。园林植物枝叶对粉尘的截留和吸附是暂时的，随着下一次降雨的到来，粉尘被雨水冲洗掉，在这个间隔时期内，有的粉尘可由于风力或其他外力的作用而重新返回空气中。不同植物的滞尘能力和滞尘积累也有差异。

园林植物的滞尘量与叶片形态结构、叶面粗糙程度等因素有关。一般叶片宽大、平展、硬挺而风刮不易抖动，叶面粗糙的植物能吸滞大量的粉尘，如山毛榛林吸附灰尘量为同面积云杉林的 8 倍，而叶片光滑无茸毛（如小叶黄杨、紫叶小檗）的植物滞尘能力相对较弱，

如杨树林的吸尘量仅为同面积榆树林的1/7。此外，松柏类的总叶面积较大，并能分泌树脂、黏液，滞尘能力普遍较强。

园林植物的滞尘作用，也因季节不同而不同，如冬季叶量少，甚至落叶，滞尘能力弱，夏季滞尘能力最强。据测定，即使在树木落叶期间，它的枝丫、树皮也有蒙滞作用，也能减少空气含尘量的18% ~ 20%。有些植物单位叶面积滞尘量虽不高，但它的树冠高大、枝叶茂密，总叶面积大，所以植物个体滞尘能力就十分显著。

（2）吸收有毒气体

园林植物通过叶片吸收大气中的有毒物质，降低大气中有毒物质的含量，避免有毒气体积累到有害程度，从而达到净化大气的目的。有毒物质在被植物吸收后，并不是完全被积累在植物体内，植物能使某些有毒物质在体内分解、转化为无毒物质，或毒性减弱。

（3）杀菌抑菌作用

园林植物可以减少空气中的细菌数量，其原因有两方面：一方面，尘埃是细菌等的生活载体，园林植物的滞尘作用减少细菌载体，从而使大气中的细菌数量减少；另一方面，许多园林植物能分泌杀菌素，这些由芽、叶、枝干和花所分泌的挥发性物质能杀死细菌、真菌和原生动物。

（4）减弱噪声

园林植物的减噪效应原理主要有两个方面：一方面是噪声声波被树叶各个方向不规则反射而使声音减弱；另一方面是噪声声波造成树叶、枝条轻微振荡而使声能部分消耗。因此，树冠的大小、形状及边缘凹凸的程度，树叶的厚薄、软硬及叶面的光滑度等，都与减噪的效果有关。

不同园林植物由于其外部形态等不同，其减噪效果有所不同。一般认为，叶片重叠排列、形状大、健壮、坚硬的树种减噪效果好，分枝低、树冠低的乔木比分枝高、树冠高的乔木减噪作用大。其中，阔叶树的树冠能吸收其上面声能的26%，反射和散射74%，而且有关研究指出，森林能更强烈地吸收和优先吸收对人体危害最大的高频噪声和低频噪声。

不同类型的绿地减弱噪声的效果也不同，阔叶林比针叶林减弱噪声效果好，疏散栽植的树丛比成行排列的效果好，宽林带比窄林带效果好，不同树种混种比单一树种效果好，乔木、灌木、草本相结合的绿化带减弱噪声效果最好。

（二）风与园林植物

1. 城市风环境

风是决定城市大气污染自然净化的主要因素。风可以让城市中的污染物迅速稀释扩散。在同一个区域，即使污染物排放保持一致，大气环境的质量可能存在很大的差异。这种差异就是由于不断改变的城市近地风状况造成的。城市内部的近地风速与风向对污染物的输送和扩散稀释造成很大差异，在不同的城市风环境状况下，同一污染源所造成的近地面局部地区大气污染浓度可相差几十倍乃至几百倍。

此外，风速直接决定污染物稀释的速度。当风速小时，会把吹来的污染物堆积起来，致使城市近地面污染浓度增高，造成严重污染。风速除了稀释作用外，还影响输送距离，由于强风，污染物可能输送很长距离，使浓度变得很小，相对来说危害性不大。因此，最大的污染状况经常出现在城市无风或静风的时候。

2. 风对园林植物的影响

（1）风对园林植物生长的影响

风对园林植物蒸腾作用的影响非常显著。据测定，风速达 0.2 ~ 0.3m/s 时，能使蒸腾作用加强 3 倍。适度的风可促进植物蒸腾作用，降低植物体温度，提高植物对养分、水分的吸收效率，从而营造局部特殊的小气候，使得在园林中局部地方，可以栽种不同的植物。但当风速较大时，植物蒸腾作用过大，消耗水分过多，植物根系不能供应足够的水分满足蒸腾作用所需，叶片气孔便会关闭，光合作用因此下降，植物生长减弱。

适度的风还可以促进园林植物的光合作用和呼吸作用。微风能加快空气流通，使得由于植物光合作用降低的二氧化碳浓度升高，促进光合作用的进行，因此适当速度的风能促进植物生长。有研究表明，温室中植物长得细弱与缺乏风引起的机械运动有关。但长时间强风吹袭下，植物会降低生长量，使器官小型化、旱生，甚至发生枯梢和干死。

（2）风对园林植物繁殖的影响

风对园林植物繁殖的影响，主要体现在“风播”和“风媒”上。有些种子靠风传播到远处，称为风播种子，如兰、石楠、列当等种子。有许多植物靠风授粉，称为风媒植物，如榛、杨、柳、榆等。风影响植物花粉的传播、种子和果实的散布。无风时，风媒植物不能授粉，风播植物不能传播他处，这对植物的繁殖会产生一定的影响。另外，风还可以传播病原体和害虫，造成病虫害蔓延，从而对园林植物造成危害。

（3）风对园林植物的机械损害影响

风对园林植物的机械损害是指折断枝干、拔根等，其危害程度主要决定于风速、风的阵发性和植物的抗风性、环境特点等。在强风的作用下，植物枝干被吹断，叶片受到损伤，花果吹落，严重影响其观赏价值，而一些浅根性树种甚至被连根刮倒。特别是对受病虫危害、老龄过熟、生长衰退的树木，其危害更为严重。

不同树种对大风的抵抗力不同。一般来说，凡树冠紧密、材质坚韧、根系深广强大的

树木抗风力强，而树冠庞大、材质柔软或硬脆、根系浅者抗风力弱。而同一树种也因繁殖方法、立地条件和栽培方式不同而各有差异。扦插繁殖者比播种繁殖者根系浅，故易风倒。在土壤松软而地下水位较高处根系浅，树木易风倒。稀疏种植的树木和孤立树木比密植树木易受风害。在城市地区，硬质铺装地面积大，土壤紧实，透气性差，会导致一些园林树木根系不发达，分布较浅，更易风倒。

（4）风对园林植物形态的影响

在多风的环境下，会引起植物叶面积减小，节间缩短，变得低矮、平展。例如，生长在高海拔地区的树木往往低矮弯曲，这是常年遭受大风影响造成的。盛行一个方向强风的地区常形成“旗形树”，这是因为树木向风面的芽，受风作用常干枯死亡，背风面成活芽较多，枝条生长较好，如黄山迎客松。

3. 防风林带

防风林带可以有效地防止强风，大大改善生态环境。而防风林带减弱风速的程度，主要决定于植物的体形大小、枝叶茂密程度。一般乔木的防风能力大于灌木，灌木又大于草本植物；阔叶树比针叶树防风效果好，常绿阔叶又优于落叶阔叶树；深根性树种强于浅根性树种；木材坚韧者强于材质脆弱者。

防风林带结构的设计，应考虑风状况、庇护作物类型等因素的影响。一般认为，防风林带宜采用深根性、材质坚韧、叶面积小、抗风力强的树种。林带防风范围在林前（迎风面）为林带高度的 5 ～ 10 倍，林后（背风面）为林带高度的 30 倍左右，防风效应较好的是上面稠密、下面透风的透风林带和上面透风、下面稀疏的疏透林带；太密林带防风距离小，太稀林带防风效果小。

第三节　土壤与园林植物

土壤能为植物提供生长所必需的矿质营养元素和水分，以保证植物正常的生理活动，土壤也对植物起着支撑作用。由于植物的根系和土壤直接接触，因而土壤的质地、酸碱度、含盐量以及微生物等因素，对园林植物的生长发育具有重要的影响。

一、土壤质地

土壤是由固体、液体和气体组成的三相系统，其中固体颗粒是组成土壤的物质基础，占土壤总重量的 85% 以上。这些由不同大小的固体颗粒的组合称为土壤质地。土壤按质地可分为砂土、壤土、黏土三大类。同一类别中由于砂黏程度的差别又有不同名称，如砂壤土、轻壤土、中壤土和重壤土等。

（一）砂土类

砂质土颗粒间空隙大，总孔隙度低，毛管作用弱，保水性差，通气透水性强。矿物质成分以石英为主，养分贫乏；由于颗粒大，比表面小，吸附、保持养分能力较差；好氧性微生物活动旺盛，土壤中有机养分分解迅速，供肥性强但持续时间短，易发生植物苗木生长后期脱肥现象，即生产上“发小苗不发老苗”的现象。砂质土热容量小，土温不稳定，昼夜温差大。早春时节，砂质土易于转暖，有利于植物苗木早生快发。砂质土松散易耕，耕作质量较好，耕后疏松不板结，植物种子容易出苗和扎根。

（二）黏土类

黏质土壤颗粒细小，土壤总孔隙度高，但粒间空隙较小，通气透水性差，土壤内部排水困难，容易积水而涝。土中胶体数量多，比表面大，吸附能力强，保水保肥性好；矿质营养丰富，富含钾、钙、镁等营养元素；供肥能力相对平稳，但前期弱后期强，即“发老苗不发小苗”。黏质土蓄水多，热容量大，温度稳定。因其通气性能较差，容易产生还原性气体，影响植物正常生长。黏质土比较紧实，易板结，耕作费力，易耕期短；受干湿影响，常形成龟裂，使植物苗木根系伸展受阻。

（三）壤质土

壤质土是介于砂质土和黏质土之间的土壤质地类型。其中砂粒、粉粒和黏粒含量比较适宜，因而同时兼具砂质土和黏质土的优点，砂黏适中，土壤大小空隙比例适当，通气透水性好，土温稳定，养分含量较高，有机质分解速度适当，既有保水保肥的能力，又有较强的供水供肥性，耕作性表现良好。壤质土中水、肥、气、热以及植物扎根条件协调，适种范围较广，是园林植物生长较为理想的土壤质地类型。

二、土壤酸碱度

我国的土壤酸碱度可分为五级，即强酸性为 pH $<$ 5.0，酸性 pH 值为 5.0 ~ 6.5，中性 pH 值为 6.5 ~ 7.5，碱性 pH 值为 7.5 ~ 8.5，强碱性为 pH $>$ 8.5。依据园林植物对土壤酸碱度的要求，可分为以下三类。

（一）酸性土植物

在土壤 pH 值小于 6.5 时生长最好，在碱性土或钙质土上生长不良或不能生长。酸性土植物主要分布于暖热多雨的地区。常见的酸性植物有马尾松、红松、白桦、山茶、映山红、杜鹃花、吊钟花、桉树、含笑、红千层、苏铁、木荷、红花檵木、六月雪等。

（二）碱性土植物

碱性土植物适宜生长于 pH 值大于 7.5 的土壤中。碱性土植物大多数是在大陆性气候条件下的产物，多分布于炎热干燥的环境中，如红柳、沙棘、桂香柳、仙人掌、侧柏、紫穗槐等。

（三）中性土植物

中性土植物在土壤 pH 值为 6.5 ~ 7.5 最为适宜，大多数观赏植物都是中性土植物，如水松、桑树、苹果、樱花、金鱼草、香豌豆、紫苑、风信子、郁金香、四季报春等。

三、土壤含盐量

盐碱土是盐土和碱土以及各种盐化和碱化土的统称。盐土是指含有大量可溶性盐类而使大多数植物不能生长的土壤，其含盐量一般达 0.6% ~ 1.0% 或更高；碱土是以含碳酸钠和碳酸氢钠为主，pH 值呈强碱性的土壤，多见于干旱、少雨的内陆。

根据植物在盐碱土上生长发育的类型，可分为以下几种。

喜盐植物。对一般植物而言，土壤含盐量超过 0.6% 时即不能生长，但喜盐植物却可在含盐量达 1% 的土壤上生长如分布于干旱盐土地区的旱生喜盐植物乌苏里碱蓬、海蓬子等，分布于沿海滨河地带的湿生喜盐植物盐蓬等。

抗盐植物。植物的根细胞膜对盐类的透性很小，所以很少吸收土壤中的盐类如田菁、盐地风毛菊等。

耐盐植物。植物能从土壤中吸收盐分，但并不在体内积累，而是将多余的盐分经茎、叶上的盐腺排出体外，即有泌盐作用如大米草、二色补血草和红树等。

实际上，真正的喜盐植物较少，但耐盐植物居多，可用于盐碱地区的植物景观营造。常用的耐盐碱树种有白榆、加拿大杨、小叶杨、食盐树、桑、旱柳、杞柳、苦楝、臭椿、刺槐、紫穗槐、白刺花、黑松、皂荚、桂香柳、合欢、枣、复叶槭、杏、钻天杨、胡杨、侧柏等。

四、土壤微生物

土壤微生物是指土壤中肉眼无法辨认的微小有机体，包括细菌、真菌、放线菌、藻类和原生动物五大类。微生物在土壤中的作用是多方面的，对土壤的形成和发育、有机质的矿化和腐殖化、养分的循环和转化都有直接的影响。有的微生物能产生生长调节物质，这类物质在低浓度时刺激植物生长，而在高浓度时则起抑制作用。

根瘤菌能自由生存在土壤中，豆科（最近的分类系统中称为豆目）植物根系能与土壤中的根瘤菌共生。根瘤菌侵入豆科植物根系，形成根瘤，并在根瘤中固氮，被固定的氮可转化为氨基酸供豆科植物利用，豆科植物则为根瘤菌提供糖类等碳水化合物。一些非豆科植物也能共生固氮，形成根瘤或叶瘤，非豆科共生固氮植物对自然系统提供氮素的经济意义超过了豆科固氮植物。

外生菌根真菌与多种树根共栖，由于真菌的侵染，根的形态发生了变化，从而能接触更多的土壤，因此增加了对磷酸盐的吸收。

菌根是真菌和高等植物根系结合而共生的，在高等植物的许多属中都有发现。特别是真菌与兰科、杜鹃花科植物形成的菌根相互依存尤为明显。兰科植物的种子没有菌根，真菌共存就不能发芽，杜鹃花科植物的种苗没有菌根共存也不能成活。

五、园林植物栽培的其他基质

园林植物除了在自然土壤中栽培外，温室木本花卉、盆栽木本花卉和树木无性繁殖时还大量使用栽培基质。栽培基质应具备营养成分完整且丰富、通气透水性好、保水保肥能力强、酸碱度适宜或易于调节、无异味、无有毒物质和不易滋生病虫等条件。常用的栽培基质有以下几种：①河沙及砂土。取自河床或沙地，河沙及砂土养分含量很低，但是通气透水性好，pH 值 7.0 左右，一般用于掺入其他培养基质中，以利于排水。②园土取自菜园、果园等地表层的土壤。含有一定腐殖质，并有较好的物理性质，常作为多数培养土的基本材料。③腐叶土又称腐殖土，是植物枝叶在土壤中经过微生物分解发酵后形成的营养土。其土质疏松，营养丰富，腐殖质含量高，pH 值 4.6 ~ 5.2，为应用最广泛的培养土；注意堆积时应提供有利于发酵的条件，贮存时间不宜超过 4 年。④松针土。用松、柏等针叶树的落叶或苔藓类植物经约一年的时间堆积腐熟而成。松针土属于强酸性土壤，pH 值 3.5 ~ 4.0，腐殖质含量高，适宜于栽培喜酸性土的植物，如杜鹃花、山茶等。⑤沼泽土。取沼泽地上层 10cm 土壤直接做栽培土或用水草酸腐烂而成的草炭土代替。沼泽土为黑色，腐殖质丰富且呈强酸性反应，pH 值 4.6 ~ 5.2；草炭土一般为微酸性，用于栽培喜酸性土的木本花卉及针叶树。⑥泥炭土。取自山林泥炭藓长期生长并炭化的土壤。泥炭土一般有

两种：一是褐泥炭，黄至褐色，富含腐殖质，pH 值 6.0 ~ 6.5，具有防腐作用，适宜于加河沙后做扦插床用土；二是黑泥炭，矿物质含量丰富，有机质含量较少，pH 值 6.5 ~ 7.4。⑦堆肥土。用植物的残枝落叶、青草或有机废弃物与田园土分层堆积，每年翻动 2 次，经充分发酵而成。堆肥土含有丰富的腐殖酸和矿物质，pH 值 6.5 ~ 7.4，原料易得，但因需充分发酵而制备时间长。制备时应保持潮湿、堆积疏松，使用前需消毒。⑧腐木屑。由锯末或碎木屑腐化而成，腐木屑的有机质含量高，保水保肥能力强，如果加入人粪尿腐化效果更好。⑨蛭石、珍珠岩。不含营养物质，但其保肥保水性、通透性好，卫生洁净，一般做扦插用的插壤，利于插穗成活。在室内盆栽中也广泛使用。⑩煤渣。含有矿物质，卫生清洁，通透性好，多用于排水层。

六、城市土壤特征

城市的土壤由于深受人类各种行为活动的影响，其物理、化学和生物学特性都与自然状态下的土壤有较大差异。城市土壤的特殊性对园林植物的生长发育产生了影响，从而对园林植物的栽培养护提出了更高的要求。

（一）城市土壤特征

1. 土壤污染

当土壤中的有害物质含量过高，超过了土壤的自净能力时，会导致土壤自然功能失调，从而影响植物的生长和发育，且污染物可以在植物体内积累，通过食物链危害人类健康。

根据污染物的性质，可分为物理污染物、化学污染物和生物污染物三大类。物理污染物主要由城市建筑与生活垃圾、工业废渣以及废弃农膜等构成。化学污染物可分为无机污染物和有机污染物两大类，前者主要包括各种重金属、放射性元素、氟化物以及酸、碱、盐等物质；后者主要有苯类、酚类、氰化物、有机农药、除草剂、洗涤剂、石油及其产品等。生物污染物指来自粪肥、城市污水、垃圾或不合理轮作的寄生虫卵和有害微生物。

根据土壤污染物的来源及其污染途径，土壤污染可分为水质污染型、大气污染型、固体废弃物污染型、生产污染型。其中前三种发生类型可谓“三废污染型”，主要由“三废”不合理排放引起的，后一种发生类型如农药、化肥污染等。如果几种类型的污染同时存在，则为综合污染型。

（1）水质污染型

水质污染型的土壤污染源主要是工业废水、城市生活污水和受污染的地面水体，污染的途径主要为污水灌溉，另外，污水的直接排放、渗漏都会使土壤遭受污染。污染物的种类复杂，重金属、酸、碱、盐和有机物等都可能造成较严重的污染。重金属是土壤的主要污染物，它不能被微生物所降解，可在生物体内富集，其中常见的有镉、铬、汞、砷、铅等。一般自然土壤中也含有重金属元素，其浓度称为背景值，在不同土壤中重金属的背景值各异。

（2）大气污染型

大气污染型的土壤污染可表现在很多方面，但以大气酸沉降（酸雨）、工业飘尘（散落物）及汽车尾气等最为普遍。大气酸沉降既可直接危害植物的地上部分，也可加剧土壤酸化。土壤酸化后，钙、镁、钾等养分元素有效性降低，而铝、锰、镉、铅等重金属的有效性却升高，土壤微生物系统被扰乱，结构破坏，易板结。

在城市和工业环境中，工业散落物对土壤表层的污染是相当普遍的。燃煤和冶炼厂飘尘中的污染物主要是重金属，有些工业飘尘（如水泥厂）中还有大量的碳酸盐。

一般认为，铅污染的主要来源是汽车尾气，而汽车轮胎的添加剂中含有锌，所以汽车轮胎磨损产生的粉尘是土壤锌污染的来源。

（3）固体废弃物污染型

固体废弃物包括工矿业废渣、城市垃圾（建筑和生活垃圾）及污泥，固体废弃物的种类和数量已经成为城市土壤分类的依据之一。这些废弃物多采取就地填埋，极大地改变了原自然土壤的特性，形成了具有自身特点的城市堆垫土，特别是一些历史悠久的城市。

（4）生产污染型

即化肥、农药的过度使用以及使用不当导致的土壤污染。化肥既是植物生长必需营养元素的供给源，又是日益增长的环境污染因子，而农药引起的环境污染历来就受到重视。由于原料、杂质以及生产工艺流程的污染，化肥中常含有一些副成分，包括重金属元素、有毒有机化合物及放射性物质等。长期施用化肥的情况下，这些物质在土壤中积累，从而产生土壤污染。农药对土壤的污染主要是破坏土壤的微生物及动物体系，影响盐分转化，有时也伤及植物的根系和发芽的种子。

（5）综合污染型

在现实中，土壤污染的发生往往是多源性的。对于同一区域受污染的土壤，其污染源可能同时来自污灌、大气酸沉降和工业飘尘、垃圾或污泥堆积以及农药、化肥等。因此，土壤污染往往是综合型的，土壤中的污染物质也往往是多种多样的。

2. 土壤紧实

土壤紧实度是衡量土壤疏松或紧实程度的重要指标，用单位体积或面积土壤所能承受的重量（土壤硬度）或者单位体积自然干燥土壤的质量（土壤容重）等参数表示。在城市

地区，由于人流的践踏和车辆的碾压，土壤紧实度明显高于周边郊区。土壤紧实度增加，土壤孔隙度相应减少，一方面使得大气降水渗入地下部分减少，地表径流增加。另一方面，土壤中氧气含量严重不足，对树木根系进行呼吸作用等生理活动产生严重影响，严重时会导致根组织窒息死亡，对通气性要求较高的植物如油松、白皮松、云杉、合欢等树种受影响尤为明显。

为了降低城市土壤的紧实度，可通过往土壤中掺入碎树枝、腐叶土等多孔性有机物或者混入适量的粗砂粒、碎砖瓦等以改善通气状况。对已种植树木的过实地段，可多年分期改良。对根系分布范围内的地面通过设置围栏、种植树篱、覆盖有机废弃物或铺设透气砖等措施以防止践踏，可收到良好效果。

3. 土壤贫瘠

城市绿地植物的枯枝落叶常被当作垃圾被清除运走，使土壤营养元素循环中断，降低了土壤有机质的含量。而有机质是土壤氮素的主要来源，城市土壤中有机质的减少直接导致氮素的减少。

渣土是城市土壤中的重要组成部分。城市渣土所含养分既少且难以被植物吸收。随着渣土含量的增加，土壤可给总养分相对减少。石灰渣土可使土壤钙盐类增加和 pH 值升高。由于 pH 值升高，不仅土壤中铁、磷的有效性降低，土壤微生物的活性以及对养分的释放作用也受到抑制。夹杂物的存在又使土壤中的黏粒含量相对减少，胶结物质减少，阳离子交换量降低，成为保肥性差的土壤类型。

（二）城市污染土壤改良

土壤污染与大气污染、水污染不同，土壤中的污染物多被土壤胶体吸附，运动的速度非常缓慢，特别是一些化学性质稳定的污染物（如重金属）可在土壤中不断积累，甚至达到很高的浓度，因此对污染土壤的修复相对困难，目前国内外主要采用的修复措施有排土与客土改良、施用化学试剂和植物修复等。

1. 排土与客土改良

即挖去污染土层，用清洁土壤改造污染土壤。这种土壤修复措施修复效果好，但投入大。在挖取客土时，要求客土有良好的结构，疏松，中性或弱酸、弱碱性，盐分含量适合植物的生长发育，有效养分丰富。

2. 施用化学改良剂

应用化学改良剂可使重金属成为难溶性的化学物质，一些重金属元素如镉、铜、铅等在土壤嫌气条件下易生成硫化物沉淀，灌水并施用适量硫化钠可获得较好的效果。此外，磷酸盐可有效抑制镉、铅、铜、锌对植物的毒害作用。

3. 植物修复

植物修复技术的原理是利用植物能够忍耐和超量积累某种或者某些化学物质的原理，通过植物及其共存微生物体系清除环境中污染物的一种环境污染治理技术。目前普遍认为，利用植物修复来净化受重金属污染的土地，是一种成本较低且方便的做法。在污染土壤上选择栽种对重金属元素有较强吸附能力的植物，使土壤中的重金属转移到植物体内，然后对植物进行集中处理，从而降低土壤中重金属的含量。

第四章 园林植物繁殖、栽培与养护

第一节 园林植物繁殖

一、概述

园林植物繁殖是繁衍后代，保存种质资源的手段，只有将种质资源保存下来，繁殖一定的数量，才能为园林应用，并为植物选种、育种提供条件。不同种或不同品种的园林植物，各有其不同的适宜繁殖方法和时期。

（一）有性繁殖

有性繁殖也称种子繁殖，是经过减数分裂形成的雌、雄配子结合后，产生的合子发育成的胚再生长发育成新个体的过程。近年来也有将种子中的胚取出，进行培养以形成新株，称为“胚培养”方法。大部分一二年生草花和部分多年生草花常采用种子繁殖，具有优良的性状，但需要每年制种，如翠菊、鸡冠花、一串红、金鱼草、金盏菊、百日草、三色堇、矮牵牛等。

（二）无性繁殖

无性繁殖也称营养繁殖，是用园林植物营养体的一部分（根、茎、叶、芽）为材料，利用植物细胞的全能性而获得新植株的繁殖方法。通常包括分生、扦插、嫁接、压条等方法。温室木本花卉，多年生花卉，多年生作一二年生栽培的花卉常用分生、扦插方法繁殖，如一品红、变叶木、金盏菊、矮牵牛、瓜叶菊等，仙人掌类多浆植物也常采用扦插、嫁接繁殖。

（三）孢子繁殖

孢子是由蕨类植物孢子体直接产生的，它不经过两性结合，因此与种子的形成有本质的不同。蕨类植物中有不少种类为重要的观叶植物，除采用分株繁殖外，也可采用孢子繁殖法，如肾蕨属、铁线蕨属、蝙蝠蕨属等都可采用孢子繁殖。

（四）组织培养

组织培养是指将植物体的细胞、组织或器官的一部分，在无菌的条件下接种到特定的培养基上，在培养容器内进行培养，从而得到新植株的繁殖方法。组织培养又称为微体繁殖。

二、播种繁殖

园林植物的种子一般都比较细小、质轻；采收、贮存、运输、播种均较简便；繁殖系数高，短时间内可以产生大量幼苗；实生幼苗生长势旺盛，寿命长。种子繁殖的缺点是对母株的性状不能全部遗传，易丧失优良种性，F_1代植株种子必然发生性状分离等。

（一）种子萌发条件

一般园林植物的健康种子在适宜的水分、温度和氧气等条件下都能顺利萌发。

1. 水分

种子萌发需要吸收充足的水分。种子吸水膨胀后，种皮破裂，呼吸强度增大，各种酶的活性也随之加强，蛋白质及淀粉等贮藏物质分解、转化，供胚萌发生长。

种子的吸水能力与种子的构造有关，如文殊兰的种子，胚乳本身含有较多的水分，播种后吸水量较少；而对于较干燥的植物种子，吸水量就大。

2. 温度

园林植物种子萌发的适宜温度，依种类及原产地的不同而有差异。通常原产热带的植物需要较高温度，亚热带及温带者次之，而原产温带北部的植物则需要一定的低温才易萌发。如原产美洲热带地区的王莲在 30 ～ 35℃水池中，经 10 ～ 21 天萌发。而原产于南欧的大花葱则需要在 2 ～ 7℃条件下经过较长时间才能萌发，高于 10℃则几乎不能萌发。

一般来说，种子萌发适温比其生育适温高 3 ～ 5℃。原产温带的一二年生花卉萌芽适温为 20 ～ 25℃，萌芽适温较高的可达 25 ～ 30℃，如鸡冠花、半支莲等，适于春播；也有一些种类适温为 15 ～ 20℃，如金鱼草、三色堇等，适于秋播。

3. 氧气

氧气是园林植物种子萌发的条件之一。供氧不足会妨碍种子萌发。但对于水生花卉来说，只需少量氧气就可满足种子萌发需要。

4. 光照

大多数种子的发芽与光照的有无无关。但有些园林植物种子需要在有光照的环境才能萌发，称好光性种子。这类种子常常较细小，发芽靠近土壤表面，在那里幼苗能很快出土并开始进行光合作用。这类种子没有从深层土中伸出的能力，所以在播种时覆土要薄或不

覆土，如报春花、毛地黄、瓶子草类等。

还有一些植物的种子在光照下不能萌发或萌发受到光的抑制，称嫌光性种子，如黑种草、雁来红等。

5. 基质

基质将直接改变种子发芽的水、热、气、肥、病、虫等条件。播种用基质一般要求细而均匀，不带石块、植物残体及杂物，通气排水好，保湿性能好，肥力低且不带病虫。

（二）播种时期与播种方法

播种期应根据各种植物的生长发育特性、计划供花时间以及环境条件与控制程度而定。保护地栽培条件下，可按需要时期播种；露地自然条件播种，则依种子发芽所需温度及自身适应环境的能力而定。适时播种能节约管理费用，出苗整齐，且能保证苗木质量。

1. 露地苗床播种

（1）场地选择

播种床应选富含腐殖质、轻松而肥沃的砂质壤土，在日光充足、空气流通、排水良好的地方。

（2）整地

播种床的土壤应翻耕深 30cm，打碎土块、清除杂物后，上层覆盖约 12cm 厚的土壤，最好用 1.5cm 孔径的土筛筛过，再将床面耙平耙细。整地时最好施入少量过磷酸钙，以促进根系强大、幼苗健壮。此外，还可施以氮肥或细碎的粪干，但应于播种前一个月施入床内。播种床整平后应进行镇压，然后整平床面。

（3）播种

根据园林植物种子大小，可以采取点播、条播或撒播等方式。

（4）播后覆土

播种后覆土深度取决于种子的大小。通常大粒种子覆土深度为种子厚度的 3 倍；小粒种子以不见种子为度，覆盖种子用土最好用 0.3cm 孔径的筛子筛过。

（5）播后管理

覆土完毕后，在床面均匀地覆盖一层稻草，然后用细孔喷壶充分喷水。干旱季节可在播种前充分灌水，待水分渗入土中再播种覆土，这样可以较长时间保持湿润的状态。雨季应有防雨设施。种子发芽出土时，应撤去覆盖物，以防幼苗徒长。

2. 露地直播

对于某些不宜移植的直根性种类，直接播种到应用地。如需要提早育苗时，可先播种于小花盆中，成苗后带土球定植于露地，也可用营养钵或纸盆育苗，如虞美人、花菱草、香豌豆、羽扇豆、扫帚草、牵牛及茑萝等。

3. 温室内盘播（盆播）

通常在温室内进行，受季节性和气候条件影响较小，播种期没有严格的季节性限制，常随所需花期而定。

（1）播种用盆及用土

常用深 10cm 的浅盆，以富含腐殖质的砂质壤土为宜。

（2）播种方法

用碎盆片把盆底排水孔盖上，填入碎盆片或粗砂砾，为盆深的三分之一，其上填入筛出的粗粒培养土，厚约三分之一，最上层为播种用土，厚约三分之一。盆土填入后，用木条将土面压实刮平，使土面距盆沿约 1cm。用“盆浸法”将浅盆下部浸入较大的水盆或水池中，使土面位于盆外水面以上，待土壤浸湿后，将盆提出，待过多的水分渗出后，即可播种。

细小种子宜采用撒播法，播种不可过密，可掺入细沙，与种子一起播入，用细筛筛过的土覆盖，厚度为种子大小的 2 ~ 3 倍。秋海棠、大岩桐等细小种子，覆土极薄，以不见种子为度。大粒种子常用点播或条播法。覆土后在盆面上覆盖玻璃、报纸等，以减少水分的蒸发。多数种子宜在暗处发芽，像报春花等好光性种子，可用玻璃盖在盆面。

（3）播种后

管理应注意维持盆土的湿润，干燥时仍然用盆浸法给水。幼苗出土后逐渐移到日光照射充足之处。

三、分生繁殖

分生繁殖是指从植物体上分割或分离自然分生出来的幼植物体或营养器官的一部分，另行栽植形成独立植株的繁殖过程。这种方法成苗较快，开花早，能保持品种的优良特性，缺点是繁殖系数较小。

（一）分株繁殖

分株繁殖就是将母株从土中掘起或从盆中倒出，分成数丛，每丛都带有根、茎、叶、芽，另行栽植，培育成独立生活的新株的方法。宿根花卉大多采用此法繁殖。另外，对于丛生性灌木，可以用锄头或利刃分离株丛周围的分苗，每丛 2 ~ 3 根枝条（带根），另行栽植也可形成新的植株，如蜡梅、紫玉兰等可采用此法繁殖。

一般早春开花的种类在秋季生长停止后进行分株；夏秋开花的种类在早春萌动前进行分株。

（二）分球繁殖

分球繁殖是指利用具有贮藏作用的地下变态器官（或特化器官）进行繁殖的一种方法。

1. 鳞茎

由小鳞片组成，鳞茎中心的营养分生组织在鳞片腋部发育，产生小鳞茎。鳞茎、小鳞茎、鳞片都可作为繁殖材料。郁金香、水仙和球根鸢尾常用长大的小鳞茎繁殖。

2. 球茎

为茎轴基部膨大的地下变态茎，短缩肥厚呈球形，为植物的贮藏营养器官。球茎上有节、退化叶片和侧芽。老球茎萌发后在基部形成新球，新球旁再形成子球。新球、子球和老球都可作为繁殖体另行种植，也可带芽切割繁殖。

3. 块茎

是匍匐茎的次顶端部位膨大形成的地下茎的变态。块茎含有节，有一个或多个小芽，由叶痕包裹。块茎为贮藏与繁殖器官，冬季休眠，第二年春季形成新茎而开始一个新的周期。主茎基部形成不定根，侧芽横向生长为匍匐茎。块茎的繁殖可用整个块茎进行，也可带芽切割，如花叶芋、菊芋、仙客来等。但仙客来不能自然分生块茎，因此，生产中常用种子繁殖。

4. 根茎

也是特化的茎结构，主轴沿地表水平方向生长。根茎鸢尾、铃兰、美人蕉等都有根茎结构。根茎含有许多节和节间，每节上有叶状鞘，节的附近发育出不定根和侧生长点。根茎代表着连续的营养阶段和生殖阶段，其生长周期是从在开花部位孕育和生长出侧枝开始的。根茎的繁殖通常在生长期开始的早期或生长末期进行。根茎段扦插时，要保证每段至少带一个侧芽或芽眼，实际上相当于茎插繁殖。

四、扦插繁殖

切取植物的营养器官（茎、叶、根）的一部分插入沙或其他基质中，在适宜条件下，使其发生不定芽和不定根，成为新植株的繁殖方法。扦插繁殖的优点是比播种苗生长快，开花时间早，短时间内可育成多数较大幼苗，能保持原有品种的特性。缺点是扦插苗无主根，根系常较播种苗弱，常为浅根。对不易产生种子的植物，多采用这种繁殖方法，也是多年生植物的主要繁殖方法之一。

（一）影响扦插生根的因素

1. 内在因素

（1）植物种类

不同植物间遗传性也反映在插条生根的难易上，不同科、属、种，甚至品种间都会存在差别。如仙人掌、景天科、杨柳科的植物普遍易扦插生根；木犀科的大多数易扦插生根，但流苏树则难生根；山茶属的种间反应不一，山茶、茶梅易，云南山茶难；菊花、月季花等品种间差异大。

（2）母体状况与采条部位

营养良好、生长正常的母株，体内含有各种丰富的促进生根物质，是插条生根的重要物质基础。不同营养器官的生根、出芽能力不同。有试验表明，侧枝比主枝易生根，硬木扦插时取自枝梢基部的插条生根较好，软木扦插以顶梢做插条比下方部位的生根好，营养枝比果枝更易生根，去掉花蕾比带花蕾者生根好，如杜鹃花。有研究表明，许多花卉如大丽花、木槿属、杜鹃花属、常春藤属等，光照较弱处母株上的插条比强光条件下的生根较好，但菊花却相反，充足光照下的插条生根更好。

2. 扦插的环境条件

（1）温度

一般花卉插条生根的适宜温度，气温白天为 18 ～ 27℃，夜间为 15℃左右，基质温度（地温）需稍高于气温 3 ～ 6℃，可促使根的发生；气温低有抑制枝叶生长的作用。

（2）水分与湿度

插穗在湿润的基质中才能生根。基质中适宜水分的含量，依植物种类的不同而异。通常以 50% ～ 60% 土壤含水量为宜，水分过多常导致插条腐烂。扦插初期含水量可以较多，后期应减少水分。为避免插穗枝叶中水分的过分蒸腾，要求保持较高的空气湿度，通常以 80% ～ 90% 的相对湿度为宜。

（3）光照扦插

生根期间，许多木本花卉，如木槿属、锦带花属、荚莲属、连翘属，在较低光照下生根较好，但许多草本花卉，如菊花、天竺葵及一品红，适当的强光照生根较好。一般地，扦插后，前期需有 60% ～ 80% 的遮阴，若具有自动喷雾系统，可以全光照扦插。

（4）扦插基质

要求土壤质地均匀，疏松透气，排水和保水性能良好；以中性为宜，酸性不易生根。扦插常用的基质有河沙、蛭石和珍珠岩的混合物等。无论采用哪种基质，使用前都要进行严格的消毒。

（二）扦插繁殖的种类及方法

园林植物依扦插材料可分为叶插（全叶插和片叶插）、茎插和根插。根据插穗的成熟度可以将茎插分为叶芽插、硬枝扦插、半硬枝扦插、软枝扦插等。

1. 叶插

叶插是指用一片全叶或叶的一部分作为插穗的一种方法。用于能自叶上发生不定芽及不定根的种类，如秋海棠、灰莉等。凡能进行叶插的植物，大都具有粗壮的叶柄、叶脉或肥厚的叶片。叶插须选取发育充实的叶片，在设备良好的繁殖床内进行，维持适宜的温度及湿度，才能获得良好的效果。

2. 茎插

茎插是指用一带芽的茎段作为插条繁殖的方法。

（1）叶芽插

插穗仅一芽附带一叶片，扦插时仅露芽在外面。此法具有操作简单，节约插穗，单位面积产量高等优点，但成苗较慢，如橡皮树、山茶、天竺葵、宿根福禄考、八仙花及部分热带灌木可以采用此法进行繁殖。

（2）软枝扦插

亦称绿枝扦插或嫩枝扦插。一般在生长期选取枝梢部分作为插穗，长度依植物种类、节间长度及组织软硬而定，一般 5 ~ 10cm 为宜，枝梢保留部分叶片。枝梢组织老熟适中，过于柔嫩易腐烂，过老则生根缓慢。枝条下切口以平剪、光滑为好。以浅插为宜，入土深度 3 ~ 4cm。此法适用于某些常绿木本及落叶木本植物和草本花卉。

（3）半硬枝扦插

以生长季节发育充实的带叶枝梢作为插条，若枝梢过嫩，可剪去嫩梢部分。此法常用于月季、米兰、海桐、黄杨、茉莉、桂花等扦插。

（4）硬枝扦插

以生长成熟的休眠枝条作为插穗的繁殖方法。多用于落叶木本植物，如紫薇、紫藤、蜡梅、银芽柳等，一般在秋冬季休眠期进行。

所有扦插可以在露地进行，也可在室内进行。露地扦插可以利用露地插床进行大量繁殖，依季节及种类的不同，可以覆盖塑料棚保温，或荫棚遮光，或喷雾，以利成活。少量繁殖时或寒冷季节也可以在室内进行扣瓶扦插、大盆密插及暗瓶水插等方法。应依花卉种类、繁殖数量以及季节的不同采用不同的扦插方法。

3. 根插

有些植物能从根上产生不定芽形成幼株，可采用根插繁殖。可用根插繁殖的花卉大多具有粗壮的根，直径不应小于 2mm。晚秋或早春均可进行根插，也可在秋季掘起母株，贮藏根系过冬，至来年春季扦插。冬季也可在温室或温床内进行扦插。可采用根插繁殖的植物如芍药、蜡梅、非洲菊、牡丹、紫藤等。

4. 扦插时间

在花卉繁殖中以生长期的扦插为主。在温室条件下，可全年保持生长状态，不论草本或木本花卉均可随时进行扦插，但依花卉的种类不同，各有其最适时期。

一些宿根花卉的茎插，从春季发芽后至秋季生长停止前均可进行。在露地苗床或冷床中进行时，最适时期在夏季七八月雨季。多年生花卉做一二年生栽培的种类，如一串红、金鱼草、三色堇、美女樱等，为保持优良品种的性状，也可行扦插繁殖。

多数木本植物宜在雨季扦插，因此时空气湿度较大，插条叶片不易萎蔫，易生根成活。

五、嫁接繁殖

嫁接繁殖是将植物体的一部分（接穗）嫁接到另外一个植物体（砧木）上，其组织相互愈合后，培养成独立个体的繁殖方法。砧木吸收的养分及水分输送给接穗，接穗又把同化后的物质输送到砧木，形成共生关系。同实生苗相比，这种方法培育的苗木可提早开花，能保持接穗的优良品质，可以提高抗逆性，进行品种复壮，克服其他方式不易繁殖（扦插难以生根或难以得到种子的花木类）。嫁接成败的关键是嫁接的亲和力，砧木的选择，应注意适应性及抗性，以及调节树势等优点。

园林植物中除了温室木本植物采用嫁接外，草本花卉应用不多，一是宿根花卉中菊花常以嫁接法进行菊艺栽培，如大立菊、塔菊等，是用黄蒿或白蒿为砧木嫁接菊花品种而成；二是仙人掌科植物常采用嫁接法进行繁殖，同时具有造型作用。

六、压条繁殖

压条繁殖是枝条在母体上生根后，再和母体分离成独立新株的繁殖方式。某些植物，如令箭荷花属、悬钩子属的一些种，枝条弯垂，先端与土壤接触后可生根并长出小植株，是自然的压条繁殖，栽培上称为顶端压条。压条繁殖操作烦琐，繁殖系数低，成苗规格不一，难大量生产，故多用于扦插、嫁接不易的植物，有时用于一些名贵或稀有品种上，可保证成活并能取得大苗。

压条繁殖的原理和枝插相似，只需在茎上产生不定根即可成苗。不定根的产生原理、部位、难易等均与扦插相同，和植物种类有密切关系。

七、繁殖育苗新技术

（一）组织培养

组织培养繁殖是将植物组织培养技术应用于繁殖上。种子、池子、营养器官均可用组织培养法培育成苗，许多植物的组培繁殖已成为商品生产的主要育苗方法。近代的组织培养在花卉生产上应用最广泛，除具有快速、大量的优点外，还通过组织培养以获得无病毒苗。许多花卉，如波士顿蕨、多种兰花、彩叶芋、花烛、喜林芋属、百合属、萱草属、非洲紫罗兰、唐菖蒲、非洲菊、芍药、秋海棠属、杜鹃花、月季及许多观叶植物用组织培养繁殖都很成功。

（二）保护地育苗

保护地育苗是通过设置一系列保护性设施，在人为创造的较为理想的环境中进行育苗的方式，如塑料大棚、玻璃温室、人工气候室、电热温床等。利用保护地育苗，采用不同技术，培育不同苗龄和不同大小的苗再行定植，表现出不同季节多样化的育苗方式。

（三）穴盘育苗

穴盘育苗技术是与植物温室化、工厂化育苗相配套的现代栽培技术之一，广泛应用于花卉、蔬菜、苗木的育苗，目前已成为发达国家的常用栽培技术。该技术的突出优点是：在移苗过程中对种苗根系伤害很小，缩短了缓苗的时间；种苗生长健壮，整齐一致；操作简单，节省劳力。该技术一般在温室内进行，需要高质量的种子和生产穴盘苗的专业技术，以及穴盘生产的特殊设备，如穴盘填充机、播种机、覆盖机、水槽（供水设施）等。此外，对环境、水分、肥料需要精确管理，如对水质、肥料成分配比精度要求较高。

种苗生产中常用的育苗容器有穴盘、育苗盘、育苗钵等。

（四）工厂化育苗

工厂化育苗是指以机械化操作为主的，在室内高密度，按一定的工序进行流水作业、集中育苗的方式，是园林作物现代育苗发展的高级阶段。它应用控制工程学和先进的工业技术，也就是应用现代化设施温室、标准化的农业技术措施，以及机械化、自动化手段，不受季节和自然条件限制，培育出大量优质苗木。

第二节 园林植物栽培与养护

一、园林花卉的栽培与养护

（一）露地栽培

1. 整地与作畦

根据不同种类花卉对土壤肥力的不同要求选择栽培地块，土壤肥力的好坏与土壤质地、土壤结构、土壤有机质以及土壤水分状况等密切相关。整地的目的是改良土壤结构，增强土壤的通气和透水能力，促进土壤微生物的活动，从而加速有机物的分解，以利于露地花卉的吸收利用。整地还可将土中的杂草、病菌、虫卵等暴露于空气中，通过紫外线及干燥、低温等方式使之消灭。

（1）整地深度

整地的深度依花卉的种类和土壤状况而定。一二年生草花的根系分布较浅，整地宜浅，一般耕深为 20cm 左右。宿根花卉、球根花卉、木本花卉整地宜深，耕深需 30 ~ 50cm。大型木本花卉要根据苗木根系情况，深挖定植穴。

（2）整地方法

整地可用机耕或人力翻耕，整地翻耕的同时清除杂草、残根、石块等。不立即栽苗的休闲地，翻耕后不要将土细碎整平，待种植前再灌水耙平，否则易由于自然降水等造成再次板结。此外，在挖掘定植穴和定植沟时，应将表土（熟土）和底土（生土）分开投放，以便栽苗时使表土接触根系，促进根系对养分的及时吸收。

（3）整地时间

春季使用的土地最好在上一年秋季翻耕，这有利于使表层土保持相对良好的结构。秋季使用的土地应在上茬苗木出圃后立即翻耕。

耙地应在栽种前进行。如果土壤过干，土块不易破碎，可先灌水，灌后待土壤 含水量达 60% 左右时，将田面耙平。土层过湿时耙地容易造成土壤板结。

（4）作畦或作垅

畦面高度、宽度及畦埂方式可按照栽培目的、花卉习性、当地自然降水量、灌水量的多少和灌水方式进行。一般南方常采用高畦，北方采用低畦。在雨水较多的地区，牡丹、

大丽花、菊花等不耐水湿的花卉地栽时，最好打造高畦或高垅，四周开挖排水沟，防止过分积水。

播种育苗后待移植的圃地畦宽多不超过 1.6m，以便进行中耕除草、移苗等田间作业。而球根类花卉的地栽繁殖、鲜切花生产、多年生木本花卉苗圃则应保留较宽的株行距，畦面应大些。

采用渠道自流给水时，如果畦面较大，畦埂应加高，以防外溢。用漫灌、喷灌或滴灌时，因水量不大，畦埂不必过高。畦埂的宽度和高度是对应的，砂质土应宽些，黏壤土可狭些，但一般不窄于 30cm，以便于来往行走作业。

2. 间苗与移栽

间苗主要是对露地直播而言。为了保证足够的出苗率，播种量都大大超过留苗量，因此需要间苗，以保证每棵花苗都有足够的生长空间和土壤营养面积。间苗还有利于通风透光，使苗木茁壮生长并减少病虫害的发生。通过间苗还能选优去劣，拔掉其中混杂的花种和品种，保持花苗的纯度，同时结合间苗可拔除杂草。

露地培育的花苗一般多间苗两次。第一次在花苗出齐后进行，第二次间苗谓之“定苗”。除成丛培养的草花外，一般均留一株壮苗，其余的拔掉。定苗应在出现三四片真叶时进行。间下来的花苗还可用来补栽，对于一些耐移栽的花卉，还可以把它们移到其他圃地上栽植。

不论是草本花卉还是木本花卉，除直播于花坛、路旁外，一般都需要进行移植。根据生产实际，许多花苗移植需分两次进行。第一次是从苗床移至圃地内，用加大株行距的方法来培养大苗；第二次是起苗出售，或者定植于园林中。用大苗布置园林可以短期内见到景观效果。

3. 灌溉与排水

各种花卉由于长期生活在不同的环境条件下，需水特点和需水量不尽相同；同一种花卉在不同生育阶段或不同生长季节对水分的需求也不一样。

（1）灌水量与灌水次数

主要根据土壤干湿情况来掌握，就全年来说，春、夏两季气温高，蒸发量大，灌水量要大，灌水要勤。立秋以后露地花卉多数逐步停止生长，应减少灌水量和灌水次数，如果不是天气太旱，大多不再灌水，以防止秋后徒长和延长花期。就每次的灌水量来说，应以彻底灌透为原则，如果只灌表面水，使根系分布浅，就会大大降低花卉对高温和干旱的抗性。

就土质来讲，黏土的灌水次数要少，砂土的灌水次数要多。遇表土浅薄、下有黏土盘的情况，每次灌水量宜少，但次数宜多；土层深厚的砂质壤土，灌水应一次灌足，待见干后再灌。

（2）灌水时间

生产实践中，通过测定土壤含水量来确定灌水时间是最科学、可靠的。土壤含水量为田间持水量的 60% ~ 80% 时，最适合大多数树木的生长需要；当土壤含水量低于田间持水量的 50% 时，就要进行灌溉。土壤含水量可以采用仪器测定；如果没有仪器，则需要根据经验来判断是否需要灌溉，如早晨时叶片下垂，中午时叶片严重萎蔫，傍晚时萎蔫的叶片恢复较慢或难以恢复、叶尖焦干等，出现这些情况则说明需要灌溉。

灌溉时期分为休眠期灌水和生长期灌水。休眠期灌水在植株处于相对休眠状态时进行，北方地区常对园林树木灌“封冻”防寒水。具体灌水时间因季节而异，在一天当中，夏季应在早、晚灌水；严寒的冬季因早晨气温较低，灌溉应在中午前后进行。春秋季以清早灌水为宜，这时风小光弱，蒸腾较低，傍晚灌水，湿叶过夜，易引起病菌侵袭。

（3）灌溉方式

漫灌传统的大面积表面灌水方式。用水量最大，适用于夏季高温地区植物生长密集的大面积草坪。

沟灌适用于宽行距栽培的花卉，采用行间开沟灌水的方式，水能完全到达根区。但灌水后易引起土面板结，应在土面见干后及时进行松土。

畦灌将水直接灌于畦内，是北方大田低畦和树木移植时的灌溉方式。

喷灌利用高压设备系统，使水在高压下喷至空中，再呈雨滴状落在植物上的一种灌溉方式，园林树木和大面积的草坪以及品种单一的花卉适用此法。一般根据喷头的射程范围安装一定数量的喷头。喷灌能使花卉枝叶保持清新状态，调节小气候，为新兴的节水灌溉形式。

滴灌利用低压管道系统，使水缓慢地呈滴状浸润根系附近的土壤，使土壤保持湿润状态。滴灌也是一种节水灌溉形式，主要缺点是滴头易阻塞。

（4）水质

灌溉则是用水以软水为宜，避免使用硬水。河水富含养分，水温接近或略高于气温，是灌溉用水之首选。其次是池塘水和湖水。也可采用自来水或地下井水，当然，先将这些硬水贮存于池内，待水温升高及相对软化后再用，只是费用偏高。

（5）排水

除根据田间畦垅结构简单进行外，必要时可以铺设地下排水层，在栽培基质的耕作层以下先铺砾石、瓦块等粗粒，其上再铺排水良好的细沙，最后覆盖一定厚度的栽培基质。此法排水效果好，但工程面积大、造价高。

4. 中耕除草

中耕能疏松表土，切断土壤毛细管，减少水分蒸发，增加土温，使土壤内空气流通，促进土中有机物的分解，为根系正常生长和吸收营养创造良好的条件；中耕还有利于防除杂草。中耕的深度应随着花木的生长逐渐加深，远离苗株的行间应深耕，花苗附近应浅耕，平均深度 3 ~ 6cm，并应把土块打碎。

除草是指除去田间杂草，不使其与花卉争夺水分、养分和阳光，杂草往往还是病虫害的寄主。除草工作应在杂草发生的初期尽早进行，在杂草结实之前必须清除干净，以免落下草籽。此外，不仅要清除花卉栽植地上的杂草，还应把四周的杂草除净，对多年生宿根杂草还应把根系全部挖出深埋或烧掉。

5. 修剪与整形

整形主要是对幼年花木采用的园艺措施。通过设立支架、拉枝等工艺，使花木形成一定干形、枝形。修剪除作为整形的主要手段外，还可通过它们来调节植物的营养生长和生殖生长，协调各部器官的生理机能，从而满足人们对观赏植物的不同观赏要求。

（1）园林植物整形的方式主要有：①单干式。一株一干，一干一花，不留侧枝。②多干式。一株多本，每本一花，花朵多单生于枝顶。③丛生式。许多一二年生草花和宿根花卉都按此法整形。有的是通过花卉本身的自然分蘖而长成丛生状，有的则是通过多次摘心、平茬、修剪，促使根际部位长出稠密的株丛。④悬挂式。当主干长到一定高度，将其侧枝引向某一方向，再悬挂下来。如悬崖菊、金钟连翘等。⑤攀缘式。利用藤本植物善于攀缘的特性，使其附着在墙壁上或者缠在篱垣、枯木上生长。⑥圆球式。通过多次摘心或短剪，促使主枝抽生侧枝，再对侧枝进行短剪，抽生二次枝和三次枝，最后将整个树冠剪成圆球形。⑦雨伞式。一般采用高接方式，将曲枝品种嫁接在干性强的砧木上，使接穗品种自然下垂而形成伞状。

（2）园林植物修剪的主要措施有：①摘心。摘除主枝或侧枝上的顶芽。其目的在于解除顶端优势，促使发生更多的侧芽和抽生更多的侧枝，从而增加着花的部位和数量，使植株更加丰满。摘心可在一定程度上延迟花期。②除芽。摘除侧芽、腋芽和脚芽，可防止分枝过多而造成营养的分散。此外，还可防止株丛过密以及防止一些萌蘖力强的小乔木长成灌木状。③剥蕾。剥掉叶腋间生出的侧蕾，使营养集中供应顶蕾开花，以保证花朵的质量。④短截。剪去枝条先端的一部分枝梢，促使侧枝发生，并防止枝条徒长，使其在入冬前充分木质化并形成充实饱满的叶芽或花芽。⑤疏剪。从枝条的基部剪掉，从而防止株丛过密，以利于通风透光。对木本植物常疏去内膛枝、交叉枝、平行枝、病弱枝等，使植株造型更完美。

6. 防寒与降温

防寒越冬是对耐寒能力较差的花卉实行的一项保护措施，以防发生低温冷害或冻害。常用的防寒方法有培土法、覆盖法和包扎法等。培土压埋的厚度和开沟的深度要根据花卉的抗寒力决定。对于一些需要每年萌发新枝后开花的花卉，在埋土前应进行强短剪，以减少埋土的工作量。翌春，萌芽前再将土扒开。覆盖的目的是防止地下球根或接近地表的幼芽受冻，尤其是晚霜危害。方法是在地面上覆盖稻草、落叶、草帘、塑料薄膜等，翌春晚霜过后清除覆盖物。对于无法压埋或覆盖的大型观赏乔木，常包扎草帘、纸袋或塑料薄膜等防寒。在北方，也有在严寒来临前 1 ~ 2d，采用冬灌措施来提高地表温度的方法，此称灌封冻水。夏季温度过高时，可通过人工降温保护花木安全越夏，包括叶面或地面喷水、搭设遮阳网或覆盖草帘等措施。

（二）容器栽培

1. 花盆及盆土

随着科技的发展和人们审美能力的提高，目前花卉栽培的容器类型已多种多样。常用的有素烧泥盆、塑料容器、陶瓷盆、混凝土容器、木桶、金属容器等，各种容器的优缺点不尽相同。泥盆透气性好，价格便宜，但美观性和耐久性差；塑料容器透气性差，价格便宜，美观，材质不同的塑料容器耐久性不同；陶瓷盆透气性好，美观和耐久，价格较贵；混凝土容器仅适于很少挪动时使用，一般表现空间较大；木桶等为简易容器，透气性好，耐久性较差；铜铁等金属做成的大型容器多用于立体组合装饰。

随着科技的进步和栽培手段的提高，目前，一些新的容器也逐步得到应用。

（1）火箭盆控根容器

适用于木本植物的育苗与短期栽培。该容器主要用聚乙烯材料制成，包括底盘、侧壁和插杆三个部件。容器的直径一般在 10 ~ 120cm，高度在 10 ~ 72cm。使用时根据需要选择合适规格的部件，组装起来即可。

火箭盆控根容器的底盘为筛状构造，可以防止根腐病和主根“窝根”现象；侧壁的内壁有一层特殊薄膜，且容器侧壁为凸凹相间的结构，表面积大，向外侧凸起的顶端开有小孔，与外界相通，当苗木根系向外生长接触到空气或侧壁的特殊薄膜时，根尖就停止生长（即所谓的“空气修剪”），而在根尖后部萌发数条新根继续向外向下生长，当新根再接触到空气或侧壁时，又停止生长，继而再发新根，依此类推。容器底盘的特殊结构，可使向下生长的根在基部被空气修剪，促使中小根比例增加，根系总量增多，但不易造成根系缠绕。

火箭盆控根容器提高了苗木的根系质量，加之其拆卸方便，移栽时伤根少，从而提高

了苗木移栽的成活率和生长速度，也在一定程度上解决了大苗的全冠移栽和反季节移栽成活率低的问题。但是，在冬季严寒的地区，火箭盆控根容器苗的就地越冬问题还需要进一步探讨。目前采用的越冬防护措施有土埋法（将控根容器苗放入25cm深的沟中，周围培土）、覆盖法，也可将控根容器苗移入温室或冷棚。

（2）控根花盆

控根花盆的体积较小，多用于中小型草本植物的育苗与栽培，可以增加侧根数量，提高盆栽植物的移栽成活率和抗性。它包括内外两个盆，两者通过卡扣连接，方便拆装。

控根花盆的控根原理与火箭盆控根容器相似。内盆的侧壁上均匀分布着竖直向下的导根槽和通风孔，可避免盘根、窝根的现象，并实现空气控根。外盆与内盆之间有 2 ~ 5mm 的空隙，外盆檐口和底部都开有多个通风孔，以实现两盆之间的空气流通。

不管哪种容器类型，在兼顾美观的同时，都必须考虑有利于园林植物的生长。

容器栽培时因容积有限，要求盆土必须具有良好的物理性状，如疏松透气，排水良好，富含腐殖质等。盆土通常由园土、沙、腐叶土、泥炭、松针土、谷糠及蛭石、珍珠岩、腐熟的木屑等材料按一定比例配制而成（培养土），培养土的酸碱度和含盐量要适合园林植物的需求，同时培养土中不能含有害微生物和其他有毒的物质。

盆栽园林植物除了以土壤为基质的培养土外，还可用人工配制的无土混合基质，如用珍珠岩、蛭石、泥炭、木屑或树皮、造纸废料、有机废物等一种或数种按一定比例混合使用。由于无土混合基质有质地均匀、重量轻、消毒便利、通气透水等优点，在盆栽园林植物生产中越来越受重视。

培养土具体的配比比例要根据各种园林植物的不同习性、不同生长阶段、不同栽培目的来制定。以下是几种常见的培养土的配置比例。

育苗基质：泥炭：珍珠岩：蛭石为 1 ∶ 1 ∶ 1。

扦插基质：珍珠岩：蛭石：细沙为 1 ∶ 1 ∶ 1。

盆栽基质：腐叶土：园土：厩肥为 2 ∶ 3 ∶ 1。

2. 上盆与换盆

将花苗由苗床或小的育苗盘内移入花盆中的操作称为上盆。上盆前要根据植株的大小或根系的多少来选用大小适当的花盆，对未用过的新盆应泡水“退火”；上盆时先放少量底土，将花苗放在盆的中央，使苗株直立，最后在四周填入培养土，并将花盆提起后尽量墩实。在可能的情况下尽量带土坨上盆；填土后应留出盆口 2 ~ 3cm，大盆和木桶应留出 4 ~ 6cm，以便于浇水。

所谓换盆，指的是换掉盆中大部分旧培养土，将原有植物材料移入新的容器，或对于多年生观赏植物，长期生长于容器内有限土壤中，会造成养分不足，加之冗根盈盆，因此随植物长大，需逐渐更换新的或大的花盆，扩大其营养面积，利于植株继续健壮生长。

换盆时应根据植物种类、植株发育程度确定花盆大小及换盆的时间和次数。

①盆过大不便于管理，浇水量不易掌握，常会造成缺水或积水现象，不利植物生长。②换盆过早、过迟对植物生长发育均不利。当发现有根自排水孔伸出或自边缘向上生长时，就说明需要换盆了。③多年生盆栽花卉换盆应在休眠期或花后进行，一般每年换一次，一二年生草花的换盆时间可根据花苗长势和园林应用随时进行，并依生长情况可进行多次，每次花盆加大一号。④多年生盆栽花卉或观叶植物换盆时，要将冗根剪除一部分，对于肉质根系类型应适当在阴处短时晾放，以防伤口感染病菌。⑤换盆后应立即浇水，第一次必须浇透，以后浇水不宜过多，尤其是根部修剪较多时，吸水能力减弱，水分过多易使根系腐烂，待新根长出后再逐渐增加水量。为减少叶面蒸发，换盆后应放置阴凉处养护 2 ~ 3d，并增加空气湿度，有利于迅速恢复生长。

3. 浇水与施肥

（1）浇水

盆花浇水的原则是“间干间湿，浇必浇透”，干是指盆土含水量到了再不加水植物就濒临萎蔫的程度。这样既使盆花根系吸收到水分，又使盆土有充足的氧气。

此外，还应根据花卉的不同种类、不同生育期和不同生长季节而采取不同的浇水措施。草本花卉本身含水量大、蒸腾强度也大，盆土应经常保持湿润；蕨类植物、天南星科、秋海棠类等喜湿花卉要保持较高的空气湿度，对水分要求较高，栽培过程“宁湿勿干”；仙人掌科等多浆植物花卉要少浇，即“宁干勿湿”；有些花卉（如兰花）要求有较高的空气湿度，盆栽场地应经常向地面或空间喷水、洒水。

夏季以清晨和傍晚浇水为宜，冬季以上午 10 点以后为宜，一方面可防止植物与水的温差过大而造成伤害；另一方面，土壤温度情况也直接影响根系的吸水。

一般而言，花卉在幼苗期需水量较少，应少量多次；营养生长旺盛期消耗水量大，应浇透水；现蕾到盛花期应有充足的水分；结实期或休眠期则应减少浇水或停止浇水；气温高、风大多浇水；阴天、天气凉爽少浇水。

盆栽园林植物的根系生长局限在一定的空间，因此对水质的要求比露地花卉高。灌水应以天然降水为主，其次是江、河、湖水。以井水浇花应特别注意水质，如含盐分较高，尤其是给喜酸性土花卉灌水时，应先将水软化处理。无论是井水或是含氯的自来水，均应于贮水池 24h 之后再用，灌水之前，应该测定水分的 pH 值和 EC 值，根据园林植物的需求特性分别进行调整。

（2）施肥

盆栽园林植物生活在有限的基质中，因此所需要的营养物质要不断补充。

常用基肥主要有饼肥、牛粪、鸡粪等，基肥施入量不要超过盆土总量的 20%，与培养土混合均匀施入。追肥以薄肥勤施为原则，通常以沤制好的饼肥、油渣为主，也可用无机肥或微量元素追施或叶面喷施。

叶面追施要注意液肥的浓度要控制在较低的范围内。通常有机液肥的浓度不宜超过 5%，无机肥的施用浓度一般不超过 0.3%，微量元素浓度不超过 0.05%。叶片的气孔是背面多于正面，背面吸肥力强，所以喷肥应多在叶背面进行。

总体上看，盆养园林植物的施肥在 1 年当中可分为三个阶段。第一阶段基施应在春季出室后结合翻盆换土一次施用。第二阶段是在生长旺盛季节和花芽分化期至孕蕾阶段进行追肥，根据植株的大小、耐肥力的强弱，可每隔 6 ~ 15d 追肥一次。第三阶段在进入温室前进行，但要区别对待，对一些入室后仅仅为了越冬贮藏的花卉可不再施，而对一些需要在温室催花以供元旦或春节使用的盆花，则应在入室后至开花前继续追肥。

4. 整形修剪与植株调整

整形与修剪是盆花栽培管理工作中的重要一环，它可以创造和维持良好的株形，调节生长和发育以及地上和地下部分的比例关系，促进开花结果，从而提高观赏价值。

（1）整形

整形的形式多种多样，概括有两种：自然式着重保持植株自然姿态，仅通过人工修整和疏剪，对交叉、重叠、丛生、徒长枝稍加控制，使枝条布局更加合理完美。自然式多用于株形高大的观叶、观花类花木，如苏铁、棕榈、蒲葵、龟背竹、木槿等。人工式依人们的喜爱和情趣，利用植物的生长习性，经修剪整形做成各种意想的形态，达到寓于自然、高于自然的艺术境界。

不论采用哪种整形方式，都应该将自然美和人工美相结合。在确定整形形式前，必须对植物的特性有充分了解。枝条纤细且柔韧性较好者，可整成镜面形、牌坊形、圆盘形或 S 形等，如常春藤、三角花、藤本天竺葵、文竹、令箭荷花等。枝条较硬者，宜做成云片形或各种动物造型，如蜡梅、一品红等。整形的植物应随时修剪，以保持其优美的姿态。在实际操作中，两种整枝方式很难截然分开。

（2）修剪

主要包括疏剪和短截两种类型。疏剪指将枝条自基部完全剪除，主要针对病虫枝、枯枝、重叠枝、细弱枝等。短截指将枝条先端剪去一部分。

在整形修剪之前，必须对园林植物的开花习性有充分地了解。在当年生枝条上开花的扶桑、倒挂金钟、叶子花等，可在春季进行重剪，而对一些只在二年生枝条上开花的杜鹃花、山茶等，如果在早春短剪，势必将花芽剪掉，因此应在花后短剪花枝，使其尽早形成更多的侧枝，为翌年增加着花部位做准备。对非观果类园林植物，在花后也应将残花剪掉，以免浪费营养而影响再次开花。

修剪时还要注意留芽的方向。若使枝条向上生长，则留内侧芽；若使枝条向外倾斜生长，则留外侧芽。修剪时应在芽的对面下剪，距剪口斜面顶部 1 ~ 2cm。

（3）绑扎与支架

盆栽花卉中一些攀缘性强、枝条柔软、花朵硕大的花卉，常选择粗细适当、光滑美观的材料设支架或支柱。捆绑时应采用尼龙线、塑料绳、棕线或其他具韧性又耐腐烂的材料，还可在材料上涂刷绿漆，给人以取自天然的感觉。

（4）摘心、抹芽、疏花、疏果

与露地花卉相同，只不过由于盆土的限制，应结合植物的长势，掌握摘心、抹芽、疏花疏、果的程度。

（三）水生植物的栽培与养护

1. 土壤和养分管理

栽培水生园林植物的水池、水塘应具有肥沃的塘泥，并且要求土质黏重。盆栽时的土壤也必须是富含腐殖质的黏土。

由于水生园林植物一旦定植，追肥比较困难，因此，需在栽植前施足基肥。已栽植过水生园林植物的池塘一般已有腐殖质的沉积，视其肥沃程度确定施肥与否。新开挖的池塘必须在栽植前加入塘泥并施入大量的有机肥料。

2. 种植深度及水质要求

不同的水生园林植物对水深的要求不同，同一种园林植物对水深的要求一般是随着生长要求不断加深，旺盛生长期达到最深水位。

清洁的水体有益于水生园林植物的生长发育，水生植物对水体的净化能力是有限的。水体不流动时，藻类增多，水浑浊，小面积可以使用 $CuSO_4$，分小袋悬挂在水中，$1kg/250m^3$；大面积可以采用生物防治，放养金鱼藻、狸藻等水草及河蚌等软体动物。轻微流动的水体有利于植物生长。

3. 越冬管理

王莲等原产热带的水生园林植物，在我国大部分地区进行温室栽培。其他一些不耐寒者，一般盆栽之后置池中布置，天冷时移入贮藏处，也可直接栽植，秋季掘起贮藏。

半耐寒性水生园林植物如荷花、睡莲、凤眼莲等可行缸植，放入水池特定位置观赏，秋冬取出，放置于不结冰处即可。也可直接栽于池中，冰冻之前提高水位，使植株周围尤其是根部附近不能结冰，少量栽植时可人工挖掘贮存。

耐寒性水生园林植物如千屈菜、水葱、芡实、香蒲等，一般不需特殊保护，对休眠期水位没有特别要求。

残花枯叶不仅影响景观，也影响水质，应及时清除。

4. 防止鱼食

同时放养鱼时，在植物基部覆盖小石子可以防止小鱼损害；在园林植物周围设置细网，稍高出水面以不影响景观为度，可以防止大鱼啃食。

二、园林树木的栽植与养护

园林树木是园林景观中不可或缺的一部分，其生命周期长，且在保护环境、改善环境和美化环境方面都发挥着草本植物无法替代的作用，因此在园林绿化中始终占据着重要地位。园林树木能否充分发挥其功能，与园林树木的栽植和养护有着直接关系，所谓“栽植是基础，养护是保证”，只有科学的栽植和合理的养护，才能使园林树木最大限度地发挥作用，更好地为人类服务。

（一）园林树木的栽植

1. 树木栽植成活原理

从生理的角度来说，树木的根系是吸收土壤水分和养分的重要器官，而根系吸收的水分大多通过地上部分蒸腾到大气当中。移植树木时会使大量的吸收根遗留在土壤中，根总量减少，吸收功能减弱，而地上部分的水分散失仍在进行，这就打破了树木以水分代谢为主的平衡关系。树木栽植后，能否尽快发出新根，恢复吸收功能，对于树木的成活也至关重要。因此，栽植成活的关键在于维持和恢复树体以水分代谢为主的平衡。

为了提高栽植的成活率，在“适地适树”的基础上，起挖时应尽可能多保留吸收根，同时减少树木的水分散失；栽植时应使根系与土壤紧密接触，并促使根系快速再生新根；栽植后应提供适宜的水分和通气条件，帮助树木维持和尽快恢复以水分代谢为主的平衡。

2. 影响树木栽植成活的因素

（1）树种特性

一般来说，多数落叶树比常绿树栽植成活率高；须根多而紧凑、根系再生能力强的树种栽植成活率高，如杨属、柳属、榆、槐、刺槐、银杏、白蜡、悬铃木等。即使是同一树种，在幼年期、青年期栽植，成活率也要高于壮龄期和衰老期栽植。

（2）栽植季节

适宜的栽植季节对于提高成活率很重要。栽植季节应选择地上部分蒸腾量小，并且适合根系再生的时期，同时还要综合考虑树种的特性、当地的气候条件、季节变化以及土壤状况等。一般来说，以处于休眠期的晚秋和早春最为适宜。

早春栽植。早春气温逐渐回升，根系开始活动，但地上部分还未萌芽时，消耗的水分少，易于维持地上部分和地下部分的水分平衡；由于树体内贮藏的营养物质丰富，且早春根系有一个生长高峰，有利于再生新根；加之早春土壤化冻返浆，水分充足，便于树木的挖掘，有利于栽植后根系恢复生长。另外，春季栽植后，树木经过一个生长季，抗性逐渐增强，可以减少越冬防寒工作，对于冬季寒冷地区尤为适宜。

需要注意的是，早春栽植宜尽早进行。落叶树最好在新芽膨大之前栽植，以免新叶展开，散失的水分增多，影响成活。常绿树虽然在萌芽后也可以栽植，但成活率会有所降低。若同时栽植多种苗木，最好根据树种萌芽期的早晚安排好栽植顺序，萌芽早的先栽，萌芽晚的后栽。

晚秋栽植。地上部分在进入休眠至土壤冻结之前的这段时间均可进行栽植，落叶树种在叶片脱落后即可移植。对于大部分地区，特别是春旱严重的地区，晚秋栽植是比较适宜的。但是，由于栽植之后要经过较长的冬季，需要对部分树种采取一定的防寒措施。冬季严寒的地区或耐寒性差的树种不宜在秋季栽植。

雨季栽植。对于有旱季、雨季之分的地区，可在雨季栽植。适宜的时间为春梢停止生长以后，并且要避开强光和高温，选择连绵的阴雨天进行，还要注意及时遮阴和排除积水。

冬季栽植。在冬季气温较温和、土壤不冻结的南方地区，可以在冬季栽植树木；对于冬季严寒、冻土层较深的地区，则可以采用冻土球移植的方法：当土层冻至 10cm 深时开始挖种植穴和起挖树木，根部土球的四周挖好后，不切断主根，待土球冻实后（也可以向土球洒水，加速其冻结），切断主根，再进行包装、运输、栽植。在寒冷的北方地区，常用冻土球移植法来移植大树，成活率较高，但要注意避开“三九”天。

（3）栽植方法

树木的栽植方法有裸根栽植和带土球栽植。前者起苗时根部不带土坨，适用于胸径较小、根系再生能力较强的树木；后者起苗时带土坨，适用于裸根栽植难以成活的情况。具体采用哪种方法应综合树种特性、树龄、栽植时期、栽植地的条件而定。栽植过程中的操作是否规范也对成活率有很大影响。

（4）立地条件

栽植地的立地条件与树木生态习性的吻合度越高，栽植成活率就越高。实践中可采用选树适地（选择能适应栽植地条件的树种）、选地适树（根据树种的习性为其选择合适的栽植地）、改地适树（人为改造栽植地条件以适应既定的树种）和改树适地（通过育种方法改良树种特性以适应栽植地条件）的方法尽量使两者相吻合，也就是绿化工作者经常强调的“适地适树”。

3. 园林树木的栽植技术

完整的栽植过程包括起挖、运输和定植三个主要环节。

（1）起挖

起挖前，应事先考察起挖地的土壤墒情，土壤过于干旱时，应在起苗前 3 ～ 5d 浇足水；土壤含水量过多时，应提前开沟排水。对于树冠较大的苗木，可用草绳绑扎树冠，以便于操作。

裸根起挖适用于大多数落叶树种（通常要求胸径小于 8cm）和部分常绿树的小苗。乔木裸根起挖的水平幅度应为其胸径（指乔木主干离地表面 1.3m 处的直径）的 6 ～ 8 倍，如果无法测得胸径，则取其基径（指苗木主干离地表面 0.3m 处的直径）；灌木裸根起挖的水平幅度以株高的 1/3 来确定，绿篱裸根起挖的水平幅度通常为 20 ～ 30cm。

起挖深度应比根系的主要分布区略深一些，根系的分布深度一般为 60 ～ 80cm，浅根性的树种多为 30 ～ 40cm，绿篱通常为 15 ～ 20cm。

切断挖掘过程中遇到的根系：对于较粗的骨干根，要用锋利的手锯锯断，保持切口平滑，不可用铁锹铲断。根系全部切断后，将植株放倒，小心去除根系外围土壤，尽量多保留护心土。及时对根系进行保湿处理，并注意遮阴。保湿处理可以用湿土、湿沙、湿润的草帘或苫布覆盖根系；也可以用保水剂（加水调成凝胶状）或泥浆等保水物质进行蘸根。

带土球起挖适用于珍贵的落叶树、常绿树、胸径在 8cm 以上的苗木及移植成活率低的树种。乔木的土球直径应不小于胸径的 8 倍，土球高度应为土球直径的 2/3；灌木的土球直径应为冠幅的 1/3 ～ 1/2，土球高度为土球直径的 2/3。苗木挖掘到规定深度后，用锹将土球修成苹果形（上宽下窄，土球下部的直径不超过上部直径的 2/3），土球的上表面中部应略高于四周，球体表面平整，以利于包装。

包装方法可以根据具体情况来决定。如果土球较小、土壤紧实且运输距离较短，可以不包装或用塑料布、粗麻布、草包、塑料胶带等软质材料进行简易的包装。

树木起出后，首先要对树冠和根系进行必要的修剪，在不影响观赏效果的情况下，适当稀疏枝条，减少蒸腾面积，并修剪劈裂根、老根、烂根、过长根。主要目的是协调地上部分与地下部分的比例，利于维持树体的水分平衡，提高成活率。其次对直径在 2.0cm 以上的根修剪后要进行消毒处理，以防腐烂。

（2）运输

尽量做到随挖随运，运输前要对苗木进行包装。裸根苗可以用麻袋、塑料薄膜等材料对根系进行包裹，根间应放湿的苔藓、锯末、稻草等湿润物，绑扎不宜过紧，以利通气。包装外要标明树种、苗龄、数量、规格及苗圃名称等。带土球的树木，若土球直径小于20cm，可紧密地码放 2 ~ 3 层；土球直径超过 20cm，则只可码一层，土球上禁止放重物。较大的苗木装车时根系（或土球）应朝向车头，树梢朝向车尾。如果树冠较大，可用支架将树冠支起，以防止树梢拖地。苗木全部装车后，要用绳索固定，树身与车板接触处必须垫软物，以防摩擦损伤树体。土球直径超过 70cm 以上的，应使用吊车等机械装卸。

运输途中应注意根部保湿，可以用苫布等材料覆盖，防止暴晒和雨淋。长途运输应适时适量地进行根部洒水，并保持良好的通气条件。

（3）假植

如果苗木起出后不能及时运输或定植，要用湿的沙子或土壤对苗木进行临时的保护性埋植，这就是假植。它的作用是保持苗木根系的湿润，维持根系的活力。假植时间不宜超过 1 个月。

裸根苗如果 2d 内可以定植，只需对根部喷水，再用湿的苫布或稻草帘盖好即可。假植时间超过 2d 以上，则应选择靠近栽植地点且排水良好、阴凉背风的地方，挖假植沟，按苗木种类分别假植，并做好标记。若苗木较小，可将苗木逐层码放，每放一层苗木，就覆一层土。假植期间要经常检查，保持适宜的湿度，必要时可向树冠适量喷水。

带土球苗木如果 2d 内能定植，可不必假植，适当喷水保持土球湿润即可。若假植时间较长，应将树木集中直立放好，用绳扎拢树冠，在土球四周培土，定期向土球、枝干及叶片喷水，保持适度湿润。

（4）定植

是指苗木一经栽植后不再移植的栽植方式。裸根苗定植前应进行必要的冠根修剪，剪除运输过程中劈裂、磨损和折断的根或枝条，并适当修整树形。起苗后未进行修剪的，可在此时期完成。低矮的树木也可以在定植后再修剪地上部分。同时，应按照林业技术部门提倡的“三埋两踩一提苗”的方法进行定植。

第一埋：将表土碾碎，取一部分填入种植穴底，并培成小土堆，然后将苗木放入穴内，使根系舒展地分布在土堆上，苗木的主干要与地面垂直，且位置端正（行列式栽植要注意对齐），使树冠最美的一面朝向观赏方向。

第二埋：继续将其余的表土埋入穴中，表土填完后可继续填心土。

一提苗：当填土高度到种植穴的1/2时，将树干稍微向上提一下，以使根自然舒展，并使土壤颗粒填满根间的缝隙。

第一踩：将已埋的土向下踩实，使根系和土壤紧密接触，利于根系从土壤中吸水，如果土壤黏重，则不要踩得过实，以防通气不良。

第三埋：继续往穴中填土，直至与地面平齐。

第二踩：再一次将土踩实，最后再盖上一层土。如果树木较大，种植穴较深，则要增加埋土和踩实的次数，通常是每填土20～30cm，就要踩实一次，以防止根系与土壤之间有空隙。

带土球苗木的定植与裸根苗略有差异：将种植穴底的土壤踩实，将苗木放入种植穴内调整深度、位置和角度后，在土球四周垫入适量的土，使苗木直立稳定，拆除土球外的包装材料，此后不可再挪动土球，以防其碎裂（腰箍可以在土填至腰箍下部时再拆除）。先将表土回填入种植穴，然后再填心土，每填土20～30cm就踩实一次，注意保持土球完好。

定植苗木要注意栽植深度，不可栽得过深或过浅，填土后的高度要与树木的根颈（地上部分与地下部分的交界处）痕迹相平或比根颈高3～5cm。

对于交通方便、运输距离短、平坦场地的大树移植，可以使用大树移植机完成。移植机可以完成挖种植穴、起挖树木、运输、定植等一系列作业，起挖和栽植速度快，栽植成活率较高。

（5）裹干

用于常绿乔木和胸径较大的落叶乔木的反季节栽植。用草绳、草帘等保湿、保温且透气的材料严密包裹主干，必要时可以连同一、二级主枝一起包裹，目的是减少水分散失，保持枝干湿润，避免极端温度对枝干造成伤害，提高成活率。

（6）筑灌水堰

用土在种植穴外沿筑15～20cm高的灌水堰，堰埂应踩实或用锹拍实，以防灌水时漏水。栽植密度较大时，可以几株树筑1个灌水堰。

（7）立支撑

胸径在5cm以上的乔木及树冠较大的灌木都应在种植后及时立支撑，以防止新栽树随风摇摆，影响根系生长或造成树体倒伏，还可以防止灌水或降雨后土壤沉降引起的树体倾斜。支撑点的位置一般在苗木高度的1/3～2/3处。事先用胶皮、草绳、软布等软材料将树干的支撑点包好，再用粗铁丝、绳索或其他连接物将树干与支撑杆绑扎牢固。常见的支撑方式有以下几种。

单支式。在适当位置将木桩或水泥桩垂直埋入土中40～60cm，可于树木定植时埋入，也可定植后在不损伤根系的前提下打入土中，用粗铁丝或尼龙绳等扭成“8”字形将树干与支撑杆绑紧；或采用专门的支撑配件，一端套在树干上，另一端用螺丝固定在支撑杆上。也可以将支撑杆支于下风方向，与地面呈 45° 角对树干进行支撑。

双支式。将两根支撑杆垂直打入树干两侧的土中，在两根支撑杆上端固定一根横梁，并将其与树干固定。

三支式。将三根支撑杆均匀分布在树干周围，斜撑在树干的支撑点，其中一根支撑杆应在主风向上位。

四支式。将四根支撑杆均匀分布在树干周围，斜撑在树干的支撑点；为了支撑得更牢固，也可以增加辅助的横梁。三支式和四支式的固定效果最好，园林中应用较多。

目前市场上成套出售的树木支撑架，由套杯、绑带和支撑杆组成，绑带长度可调，将 3 ~ 4 个套杯穿在绑带上，绑带固定在主干的支撑点上，将支撑杆一端插入套杯的下口，另一端支撑于地面。支撑杆的规格一致，可以是木质或其他材质。此支撑架的优点是整齐、美观，使用方便，但牢固程度不如上述的三支式和四支式支撑。

联合桩支撑适用于栽植密度较大的情况。将支撑杆与树干相垂直，横向固定在相邻树木的支撑点上，每株树木都通过支撑杆与邻近树木相连，最终将整片苗木联合成网格形式，可根据树木的多少，在地面增加几根斜撑的支撑杆，以使整个支撑架更稳固。

（二）园林树木的植后管理

1. 水分管理

树木栽植当天应灌一遍透水（称为“定根水”），以使土壤与根系紧密接触，并能为根系提供充足的水分，利于维持地上部分与地下部分的水分平衡，提高成活率。以后再根据土壤类型、土壤墒情、树木规格和降水情况及时补水。北方地区定植后，至少要灌水三遍，此后的灌水频率和灌水量应视具体情况而定，不可过于频繁。灌水时水流不宜过大，以防止灌水堰被冲毁或根系裸露，最好使水缓慢渗入土壤。灌水结束后，应撤除灌水堰，并用围堰土封树穴，以防积水。必要时还可以对树冠和树干进行喷水，以增加空气湿度，降低环境温度，减少蒸腾失水。

土壤含水量并不是越大越好，湿度越大则土壤的透气性越差，不利于生根，甚至会引起烂根。土壤含水量达到田间持水量的 60% ~ 80%，是最适宜的土壤湿度，因此土壤过湿时也要注意排水。

2. 培土与扶正

新栽树木经过灌水或降雨后，若回填土未踩实，则容易出现局部土壤下陷、根系外露、

甚至苗木松动。此时应及时回填种植土，掩埋外露的根系，填平下陷处并踩实。若苗木出现倾斜，应及时扶正，操作时不能用蛮力，以免损伤根系。

3. 补植

栽植后应进行植后调查：①如有漏植，应及时补植；②统计成活率，并仔细分析植株死亡的原因，为避免“假活”现象的影响，成活率的统计最好在秋末进行。

根据调查的情况确定补植任务。补植的树木要在树种、规格、形态和质量上满足要求。

4. 搭遮阳架

高温干燥季节应给新栽植的树木（特别是大树）搭遮阳架，以减少水分蒸腾。遮阳度以 70% 为宜。遮阳架应与树冠的上方和四周保持 30 ~ 50cm 的距离，以利于空气流通。

5. 越冬防寒

北方地区在严冬到来之前，要对不耐寒的树种及秋、冬季栽植的树木进行越冬防寒，如地面盖草，树干基部培土，用草绳、稻草、植物绷带等包裹主干，设防风障，树干涂白等。

（三）园林树木的整形修剪

整形修剪可以培养优美的树形，调整树木体量，增强配置效果，改善通风透光条件，减少病虫害发生，调控开花与结果，提高移植成活率，促进老树更新复壮，提高树木安全性，是园林树木养护管理工作中必不可少的内容。

1. 修剪时期

（1）休眠期修剪

也称冬季修剪，适用于大多数落叶树种，宜在树木自然落叶后至春季萌芽前进行。北方地区冬季寒冷，为避免伤口出现冻害，应在早春修剪；需要防寒越冬的花灌木，宜在秋季落叶后重剪，然后再做防寒处理。有伤流现象（指树木体内的养分与水分在树木伤口处外流的现象）的树种，应避开伤流期修剪。

（2）生长期修剪

也称夏季修剪，指在整个生长季内进行的修剪，即树木萌芽后至进入休眠以前的这段时间。生长期修剪的作用是改善树冠的通风透光条件，一般采用轻剪。常绿树种在冬季修剪的伤口不易愈合，因此应该在枝叶开始萌发后再修剪。对于夏季开花或一年内多次抽梢开花的树木，宜在花后及时修剪。

2. 修剪手法

园林树木的修剪与露地花卉和盆栽花卉的修剪差不多，只是因目的不同，而有不同的方式或轻重程度。其主要修剪手法有摘心、摘叶、抹芽、除萌、去蘖、除蕾、疏花、疏果、短截、回缩等。

（1）短截

又称短剪。短截可刺激保留下来的侧芽萌发，增加枝条数量，促进营养生长或开花结果。剪除的长度不同，修剪效果也不同。

轻短截：剪除枝条全长的 1/5 ~ 1/4，由于保留的芽较多，修剪后这些芽萌发，形成中短枝，分化较多的花芽，主要用于修剪观花、观果类树木的强壮枝。

中短截：剪除枝条全长的 1/3 ~ 1/2，剪口处留饱满芽，修剪后养分供应集中，促使这些饱满芽萌发长成营养枝，主要用于培养骨干枝、延长枝以及弱枝的复壮，连续中短截还具有延缓花芽形成的作用。

重短截：剪除枝条全长的 2/3 ~ 3/4，刺激作用较大，修剪后可使枝条基部的隐芽萌发，适用于老树、弱树和老弱枝的复壮更新。

极重短截：只保留枝条基部的 2 ~ 3 个弱芽，其余全部剪除，修剪后会萌生 1 ~ 3 个中、短枝，可以削弱旺枝、徒长枝的生长，并促进花芽形成，还能够降低枝条的位置，主要用于竞争枝的处理。

（2）回缩

又称缩剪，指剪除多年生枝条（枝组）的一部分。修剪量大，刺激较重，修剪后可促使剪口下方的枝条旺盛生长或刺激休眠芽萌发徒长枝，多用于衰老枝的复壮和结果枝的更新。对中央领导枝干回缩时，要选留剪口下的直立枝做头，直立枝的方向与主干一致时，新的领导干才会姿态自然，剪口方向应与剪口下枝条的伸展方向一致。

（3）除萌、去蘖

除萌即去除主干上的萌蘖，采用嫁接方法繁殖的树木，要及时去除砧木上的萌蘖，以防止其与接穗争夺养分及干扰树形，如垂枝榆、龙爪槐等。去蘖即去除根际滋生的根蘖，生长季要随时除去根蘖，不仅可以减少养分的消耗，还可以保持树干基部的卫生状况，减少病虫害的发生。除萌、去蘖越早进行越好。

3. 整形方式

园林树木整形的方式首先应根据树种的特征灵活掌握。主要去除扰乱树形和影响树体健康的枝条，按照顺其自然的原则，对树冠的形状只做辅助性修整，促使其形成优美的自然形态。

当然，也有根据植物景观设计中的特殊要求，将树木整剪成各种形体，如球体、柱体、锥体等规则的几何形体或亭、门、动物造型等非几何形体，在西方园林中应用较多，被称为人工式整形。此整形方式适用于枝繁、叶小且密，萌芽力强的树种，如榆、小叶女贞、

水蜡、黄杨等。这种整形方式虽然具有特殊的观赏效果，但它以人的主观想法为出发点，不符合树木的生长发育特性，对树木生长不利。此外，为了维持观赏效果需要频繁修剪，所以在具体应用时应全面考虑。

（四）园林树木的水分管理

园林树木的水分管理是指通过适当的技术措施和管理手段，满足树木生长对水分的需求，包括灌水与排水两方面。

树木的需水特性是制订科学的水分管理方案、合理安排灌排工作的根本。一方面，树木的需水特性会因树种及树木所处的生长发育阶段的不同而有很大差别。一般说来，生长速度快，花、果、叶量大的种类需水量较大；生长期的需水量大于休眠期；喜光树种比耐阴树种、浅根性树种比深根性树种、湿生和中生树种比旱生树种的需水量大；呼吸、蒸腾作用最旺盛时期以及果实迅速生长期都需要充足的水分。另一方面，需水特性还与栽植地的立地条件、树木的栽植年限和园林用途有关。气温高、光照强、空气干燥、风大、土壤保水性差的地区需水较多，栽植年限短的树木以及观花灌木、珍贵树种、孤植树、古树、大树通常都是灌溉的重点。

另外，排水也是园林树木养护中不可忽视的一项内容。常见的排水方法有地面排水、明沟排水、暗沟排水和滤水层排水等。

（五）园林树木的养分管理

园林树木是体量较大的多年生植物，生长发育需要的养分较多；树木长期生长于同一地点，从土壤中选择性吸收某些营养元素，会造成这些元素的匮乏；城市园林绿地土壤的理化性质较差，土壤养分的有效性较低；加之城市园林绿地中的枯枝落叶常被清扫，无法回归土壤，切断了营养物质的循环。上述原因致使城市园林绿地的土壤普遍存在营养物质含量低的情况。因此，为了确保园林树木健康生长，花繁叶茂，就要通过正确的施肥，提高土壤肥力。

1. 施肥类型

（1）基肥

是指能在较长时间段内供给树木多种养分的基础性肥料，以有机肥为主，如厩肥、堆肥、人粪尿、骨粉等。基肥通常在春季和秋季结合土壤深翻施入，也可以在树木定植前施入。

（2）追肥

是指为了满足树木生长过程中对营养物质的迫切需求、补充基肥的不足而施用的肥料，主要为速效性的无机肥。在各个需肥的生长发育阶段施用，如抽梢期、花芽分化期、果实膨大期等；当树木表现出缺素症状时也应及时追肥。

2. 施肥量

施肥量受树种特性、树龄、物候期、土壤条件、气候条件、施肥方法等诸多因素的影响，因此其计算方法也莫衷一是。

（1）理论施肥量

理论上可以采用以下公式计算。

施肥量 =（树木吸收营养元素量 – 土壤可供给营养元素量）/ 营养元素的利用率

计算前应测定树木每年从土壤中吸收各营养元素的量及当前土壤可供给的各营养元素含量。

（2）经验施肥量

按照每厘米胸径 180 ~ 1400g 的无机肥计算，普遍使用的最安全用量是每厘米胸径 350 ~ 700g 完全肥料。胸径小于 15cm 的树木及对化肥敏感的树种施肥量应减半。大树可按每厘米胸径施用 10–8–6 的 N、P、K 混合肥 700 ~ 900g（10–8–6 表示肥料中有 10% 的 N，8% 的 P_2O_5，6% 的 K）。常绿针叶树的幼树最好不施无机肥，而应施有机肥。

最科学的施肥量应通过对肥料的成分分析结合营养诊断，从而计算出最佳的营养元素配比和施肥量。

3. 施肥方法

适当的施肥方法，对于提高肥料的利用率、促进树木的健康生长至关重要。

（1）土壤施肥

是指将肥料直接施入土壤中，通过根系进行吸收，是园林树木的主要施肥方法。肥料应施在吸收根集中分布的区域或比这个区域稍深、稍远的地方，以促进根系扩大。从深度来看，树木的吸收根主要分布在土壤表层以下 10 ~ 60cm 深的范围内（依树种而定）；从水平幅度来看，吸收根主要分布在树冠垂直投影的外缘线附近，而树干基部几乎没有吸收根。实践中以树冠垂直投影半径的 1/3 值画圆，再以基径的 10 倍值为半径画圆，两圆圈之间的区域即为施肥区域。施肥后要及时灌水，既利于根系吸收养分，又可以避免因局部肥料浓度过高造成烧根现象。

生产上常用的土壤施肥方法有以下几种。

全面施肥：是指将肥料均匀施于土壤。可先将肥料均匀地撒布于地表，然后再通过翻地或灌水使肥料进入深层土中；也可以先将肥料配成溶液，再通过喷灌或滴灌的方式将肥液均匀施入土壤中。全面施肥操作方便、肥效均匀。缺点是用肥量大，且养分有一定量的

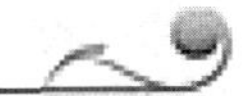

流失；另外，因肥料施入的土层较浅，容易使根系上浮，从而造成根系的抗性下降，故不宜长期应用。

沟状施肥：即在施肥区域内挖 30 ~ 40cm 宽的沟，将肥料均匀地施入沟内，用土将沟填平。沟的走向可以结合实际情况灵活掌握，如条状、环状、放射状等。条状沟施是指在树木行间或株间挖施肥沟，适用于呈行列式栽植的树木。环状沟施是在树冠垂直投影附近挖环状沟，沟可以是连续的，也可以是断续的，适用于孤植树或株距较大的情况。放射状沟施是以树木为中心挖放射状沟，下一次施肥时应更换沟的位置，以扩大施肥面积。沟状施肥的优点是操作简便，用肥经济；缺点是在开沟的过程中会对根系造成一定损伤，且不宜用于草坪上生长的树木，因开沟会破坏草皮。

穴状施肥：是指在施肥区域内挖数个直径 20 ~ 30cm 的施肥穴，穴通常以同心圆、的方式排布，根据树木的大小，挖 2 ~ 4 圈，内外圈的施肥穴应交错排列，肥料施入穴内后覆土，此法伤根较少。穴状施肥也可以使用专门的打孔施肥设备来完成，该设备的驱动机构可使钻头旋转，在土壤中形成孔洞，钻头内设有与肥料箱相连的通道，完成施肥。打孔施肥设备的作业效率高，对地面破坏小，适用于铺装地面和草坪中生长的树木施肥。

营养钉与营养棒施肥：树木营养钉是将复合肥与树脂黏合剂结合在一起，通过木槌打入深约 45cm 的根区，其溶解释放的营养元素可以被根系吸收利用。高密度营养棒以有机质为主，含有少量的氮、磷、钾元素，使用时将其埋入吸收根集中分布的土壤中即可。

（2）根外施肥

就是利用树木的叶片、枝条和树干吸收养分。根外施肥可以避免肥料在土壤中的固定和淋失，养分吸收速度快，用肥量少，利用率高，但只能施用易于溶解的无机肥，而且要注意浓度不可过高。根外施肥不能完全代替土壤施肥，两者应结合使用。常用的方法有叶面施肥和枝干施肥。

叶面施肥：将配好的无机肥溶液以喷雾的方式均匀喷洒到叶片，养分通过气孔和角质层进入到树木体内，并运输到树木各个器官，适合于在土壤中容易被固定的元素和微量元素的施用，以及土壤施肥效果不好或土壤施肥难以操作的情况。叶面施肥常作追肥使用，并可结合病虫害防治同时进行。

枝干施肥：通过枝或干的木质部吸收营养，并运输到树体的其他部位。枝干施肥可以采用涂抹或输液的方法。

涂抹法是先将枝干刻伤至木质部，再在伤口处放置含有营养液的棉条，注意伤口不可过大。

枝干输液技术适用于胸径 10cm 以上的树木。输液孔的位置应低一些，以使营养液有充分的时间在枝干内横向扩散，有助于营养液在整个植株中均匀分布；对于树脂较多的树种则应提高输液孔的位置，以防堵塞针孔。操作方法是用木工钻在树干自地面以上20 ~ 30cm处斜向下（与地面约呈45° 角）打孔至木质部，孔深3 ~ 5cm，孔的直径应与输液插头直径相匹配，孔的数量依树体大小而定，若需要多个输液孔，则应注意不要使输液孔位于树干的同一纹理上。将输液插瓶插入输液孔（若为输液袋，则将袋挂在距地面1.3m左右的树干上，并注意避光，待营养液从输液插头流出时将插头插入输液孔）。输液的速度不宜过快，有利于木质部充分吸收营养液，减少浪费。输液完毕后，将插头拔出，并用小木棍或泥土将孔封严，在孔口处喷上杀菌剂，以防止病菌侵入。枝干输液技术不仅可以用于施肥，还可以用于树木的补水、促进移栽成活以及病虫害防治。

三、园林草坪的建植与养护

草坪：是指由人工建植的绿草地，主要供人们休憩、娱乐和观赏，根据气候可以将草坪分为冷季型草坪和暖季型草坪。冷季型草坪草一般在长江流域以北地区生长，包括白三叶、早熟禾、黑麦草等；而暖季型草坪草主要生长在长江流域以南，广泛分布于亚热带、热带地区，包括画眉草、结缕草、百喜草、狗牙根等。

根据植物材料组合可以将草坪分为以下三种，分别为单播、混播、缀花。所谓单播草坪是指以一种草坪草通过播种形成的草坪；以两种或两种以上草坪草播种形成的草坪称为混播草坪；以多年生禾草为主，混有少量草本花卉的称为缀花草坪。

（一）草坪建植技术

1. 场地的清理

清除场地的施工障碍物、杂物、杂草等。在有树木的情况下，根据具体情况，全部或部分移走原有的植物，为后续的施工做好准备。一般情况下，在35cm以内的表土中，不应有大的砾石瓦块。

2. 土壤翻耕与改良

根据场地面积采取相宜的施工机械对土地进行犁耕，耕作时要注意土壤的含水量。对于保水性差、养分缺乏、通气不良、酸碱度过高等土壤可以通过加入改良物质来改善土壤的理化性质。同时，必要时要使用底肥，使之更适宜植物的生长。例如，对于酸性土壤可以使用石灰来降低酸度。土壤使用肥料和改良剂后，要通过耙、旋耕等方式把肥料、改良剂翻入土壤一定深度并混合均匀。

3. 整理地形

根据设计意图，做到表面平整，满足设计标高。填充土壤松软的地方，由于土壤会沉实下降，故填土的高度要高出设计的高度。一般用细质土壤填充时，要高出大约 15%；粗质土稍低些。在填土量大的地方，每填 30cm 就要镇压以加速沉实。为了更好地排除场地的地表水，体育草坪多设置成中间高、四周低的地形。地形之上至少需要有 15cm 厚的覆土。进一步整平地面坪床，同时对表层土壤少量施用氮肥和磷肥，以促进草坪幼苗的发育。

4. 排水与灌溉系统的设置

草坪多采用缓坡排水。缓坡排水就是指在一定面积内修一条缓坡的沟渠，其最低处一段可设雨水口接纳排出的地面水，并经由地下管道排走，或者以沟直接与湖池连接。对于地势过于平坦或者地下水位过高的草坪，应设置明沟排水或暗管排水。灌溉管网系统一般应在场地最后整平之前全部埋设完毕。

5. 直播法建坪

（1）选种以及种子的处理

选取适合当地气候条件的优良草种，选种时要重视草种的纯度以及发芽率。对于混合草籽要对其中的不同草种分别进行测定，以免造成损失。另外，根据种子的具体生理情况，必要时，可以在播种前，对种子进行流水冲洗，或化学药物处理，或机械揉搓等处理，以提高种子的发芽率。

（2）播种的时间与播种量

单播时，一般用量为 0.01 ~ 0.02kg/m^2，具体应根据草种及种子发芽率而定。一般来说，暖季型草种为春播，可在春末夏初播种；冷季型草种为秋播，北方最适合的播种时间为 9 月上旬。

几种草坪草混合播种，虽然不易得到颜色纯一的草坪，但是可以适应较差的环境条件，更快地形成草坪，并使其寿命延长，混播时，混合草种包含了主要草种和保护草种。一般情况下，常采用发芽迅速的草种为保护草种，以便为生长缓慢和柔弱的主要草种遮阴及抑制杂草，并在早期可以显示草坪的边沿以方便修剪。

（3）播种的方法

一般采用人工或机械播种。人工播种包括撒播和条播，其中撒播出苗均匀整齐，易于快速成坪，条播则利于播后管理。撒播前要先将草种掺入到 2 ~ 3 倍的细沙或细土中。撒播时，先用细齿耙松表土，再将种子均匀撒在耙松的表土上，并再次用细齿耙反复耙拉表土，然后，用碾子滚压，或用脚并排踩压，使得土层的种子与土壤密切结合，同时播种人应做回纹式或纵横式后退播种。

条播则是在整理好的场地上开沟，沟深 0.05 ~ 0.1m，沟距 0.15m，用等量的细土或沙子与种子混合均匀撒入沟中，播后用碾子碾压。

机械播种常采用草坪喷浆播种法。即利用装有空气压缩机的喷浆机组，通过较强的压力将混合有草籽、肥料、保湿剂、除草剂、颜料以及适量松软的有机物及水等配制成的绿色泥浆液，直接均匀喷送至已经整理好的场地或陡坡上。这种方法机械程度高，易完成陡坡处的播种工作，且种子不会流失，故为公路、铁路、水库的护坡及飞机场等大面积播种草坪的好方法。同时，由于草籽泥浆具有很好的附着力和鲜明的颜色，施工操作能做到不遗漏、不重复，均匀地将草籽喷播到目的地。

6. 植草法建坪

（1）栽植时间

全年生长季均可进行，但最好在生长季的中期种植，此段时间栽植能确保草坪成型。过晚栽植，则草当年不能长满草坪，影响景观。

（2）栽植方法

点栽法：种植时，一人用铲子挖穴，穴深 6 ~ 7cm，株距 15 ~ 20cm，呈三角形排列；另一人将草皮撕成小块栽入穴中埋实、拍实，并随手搂平地面，最后再碾压一遍，及时浇水。此法植草均匀，形成草坪迅速，但费时费工。

条栽法：条栽法比较省工，省草，施工速度快，但形成草坪时间慢，且成草不均匀。栽植时，一人开沟，沟宽 5 ~ 6cm，沟距 20 ~ 25cm；另一人将草皮撕成碎片放于沟中，再埋土、踩实、碾压和灌水。

密铺法：采用成块带土的草皮连续密铺形成草坪的方法。具有快速形成草坪且易于管理的优点，常用于施工短、成型快的草坪作业。密铺法作业除了冻土期外，不受季节影响。铺草时，先将草皮切成方形草块，按设计标高拉线打桩，沿线铺草。铺草的关键在于草皮间应错缝排列，缝宽 2cm，缝内填满细土，用木片拍实。最后用碾子滚压，喷水养护，一般 10d 后形成草坪。

植生带栽植法：这是一种人工建植草坪的新方法。具有出苗整齐、密度均匀、成坪迅速等优点。特别适合用于斜坡、陡坡的草坪施工。它是先利用两层特制的无纺布作为载体，在其中放置优质草种并施入一定的肥料，经过机械复合、定位后成品。产品规格每卷长 50m，宽 1m，可铺设草坪 $50m^2$。植生带铺设时，先将铺设地的土壤翻耕整平，将准备好的植生带铺于地上，再在上面覆盖 1 ~ 2cm 厚的过筛细土，用碾子压实，洒水保养，若干天后，无纺布慢慢腐烂，草籽也开始发芽。1 ~ 2 个月后，即可形成草坪。

喷浆栽植法：可以用于播种法也可以用于植草法。用于植草时，先将草皮分松、洗净，

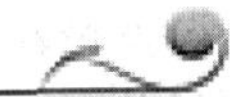

切成小段，其长度视草种而定，一般 4 ～ 6cm，但要保持芽的完整。然后在栽植地上喷洒泥浆（用塘泥、河泥、黄心土及适量的肥料加水混合而成），再将草段均匀撒在泥浆上即可。此法成坪速度快，草坪长势良好。

（二）草坪的养护管理

为了充分发挥草坪的功能，还需要对其进行必要的养护管理，包括修剪、施肥、浇水及病虫害防治等。

1. 草坪的修剪

为了使草坪整齐、美观，要适时对草坪进行修剪。同时通过修剪，不仅可以促进草坪植物的新陈代谢，改善密度和通气性，减少病原体和虫害的发生，还可以有效地抑制部分杂草的生长。

（1）修剪高度的确定

草坪修剪的基本原则为每次修剪量一般不能超过茎叶组织纵向总高度的 1/3，即修剪的 1/3 原则。例如，若草坪需要修剪的高度为 2cm，那么当草坪草长至 3cm 高时就应进行修剪，剪掉 1cm。如果草坪草长得太高，不应一次将草剪到标准高度，这样会使草坪草的根系停止生长，因此可以增加修剪次数，逐渐修剪到要求高度。

（2）修剪的时间和次数

草坪修剪的时间和次数，不仅与草坪的生长发育有关，还跟草坪的种类有关，同时跟肥料的供给有关，特别是氮肥的供给，对修剪的次数影响较大。一般说来冷季型草坪草有春秋两个生长高峰期，因此在两个高峰期应加强修剪。在夏季，冷季型草坪进入休眠，一般 2 ～ 3 周修剪 1 次，但在秋、春两季由于生长茂盛，冷季型草需要经常修剪，至少 1 周 1 次。

目前，部分地方为了节约修剪成本或低养护的草坪，如路边、难以修剪的坡地等，常使用植物生长调节剂来延缓草坪草的生长，但要注意生长调节剂的浓度及施用时间。

（3）修剪草屑处理

如果剪下的草叶短，最好不要清除出去，如能严格按照 1/3 原则修剪，修剪物短小，在一般草坪上通常可不用清除；如果草屑较长，会影响草坪的美观，草堆或草的覆盖也将会引起草坪草的死亡或发生疾病，则应收集起来运出草坪。高尔夫球场、足球场等运动场草坪，由于运动的需要，必须清除草屑。有病虫害的草坪的草屑必须清除。

2. 草坪的灌溉与施肥管理

草坪浇水以喷灌为主，以地面不干为准。实际生产中，常用一把小刀或土壤探测器检查土壤。如果 10 ～ 15cm 深处的土壤是干燥的，就应该浇水。多数草坪草的根系位于土壤上层 10 ~ 15cm 处。干土壤色淡，湿土壤颜色较深暗。

草坪植物含水量占鲜重的 75% ~ 85%，草坪一旦缺水，会对叶片的蒸腾作用和根系吸收等造成不良影响，因此在生长季节根据降水量和草种类型适时灌溉极为重要。细质黏土与粉沙所需水量大于砂土。雨季空气湿度较大，土壤含水量较高，可基本停止灌水。

湿度高、温度低又有微风时是灌溉的最好时机。因此晚上或早晨浇水，蒸发损失最小，中午及下午大约喷灌水分的 50% 在到地面前就会被蒸发掉。另外，中午浇水还容易使草坪草受到灼伤，进而影响草坪的使用和其他管理操作。

施用氮肥可提高草坪观赏性。春季施肥可促进草坪返青，秋季施肥可延长草坪绿色期。冷季型草坪早春、早秋各施 1 次肥比较适宜，3 月、4 月前期施肥利于草坪提前 2 ~ 3 周萌发。初夏和仲夏施肥要尽量避免或尽量少施，利于提高冷季型草坪抗胁迫能力。

生产实践中，为了节约成本，往往采用灌溉结合施肥的方式，但要注意灌溉的均一性，而且灌溉后应立即用少量的清水洗掉叶片上的化肥，以防止烧伤叶片。

3. 草坪病虫害的防治

草坪一旦发生病虫害，扩展速度很快，极易造成大面积损失。因此，要加强管理，及时清除枯草层，特别是要及时清除修剪后的残草，注意增加通风并适度多次修剪。草坪的病害主要有德氏霉叶枯病、白粉病、锈病等。德氏霉叶枯病的预防要加强肥水管理，用 50% 乙生 600 倍与绿先锋 700 倍混合每隔 7d 喷施 1 次，一般连续喷 3 次。锈病和白粉病的预防可用腈菌唑 5000 倍与 15% 三唑酮 1500 倍混合每隔 14d 喷 1 次。草坪害虫主要有草地螟、地老虎、金针虫等，用敌杀死 2000 倍和 15% 灭虫因 15000 倍混合每隔 15d 交替喷雾 1 次，连续喷 2 次。喷施的时间选择在无露水的早上或者太阳照射倾斜后的下午，除碱性农药与酸性农药不能混合外，一般的药剂可混合喷施，喷后 8h 内若遇雨应进行补喷。

四、园林地被植物的栽培与养护

园林地被植物是指那些株丛密集、低矮，经简单管理即可用于代替草坪覆盖在地表，防止水土流失，能吸附尘土、净化空气并具有一定观赏和经济价值的植物。它不仅包括多年生低矮草本植物，还有一些适应性较强的低矮、匍匐型的灌木和藤本植物。

（一）地被植物的栽植方法

地被植物栽植前，需要进行种植设计。其种植设计是一门综合艺术，设计得当，不仅会给人以开阔愉快的美感，同时也会给绿地中的花草树木以及山石建筑以美的衬托。

1. 种植前现场施工准备

地被植物种植前，首先要对照设计图纸，踏勘现场。

（1）场地的清理与平整场地

清理的任务就是要拆除所有弃用的建筑物或构筑物，清除所有无用的地表杂物，包括清除土壤中大的石砾、生活垃圾、建筑垃圾等。现场清理后的残土要及时回填，回填后应满足场地排水、植物生长及其他功能要求，力求场地平整自然。地被植物一般为多年生植物，大多没有粗大的主根，根系主要分布在土层30cm。因此栽植地平整深度应达30～40cm，在种植地被植物前尽可能使种植场地的表层土壤土质疏松、透气、肥沃，地面平整，排水良好，为其生长发育创造良好的立地条件。

（2）改良土壤、提高肥力

可以使用有机物质或土壤改良剂，腐熟的人畜粪尿和粪肥、堆肥、碎树皮、树叶覆盖层以及泥炭藓、煤渣、锯木屑等都可以作为土壤改良物，以期为地被植物的茁壮生长营造一个良好的生境。

2. 种植方法

（1）定点放线

种植地被植物应按照设计施工图定点放线，确定种植范围。定点必须按要求保证株行距。面积较大的花坛，可用方格线法，按比例放大到地面。

（2）种植时间

在晴朗天气、春秋季节、最高气温25℃以下时可全天种植；当气温高于25℃时，应避开中午高温时间。

（3）种植的顺序

花坛、花境中的地被植物种植顺序应由上而下、由中心向四周。

高矮不同品种地被混植时，应按先高后矮的顺序种植。种植面积大的地被要先种图案的轮廓线，后种植内部填充部分。

（4）种植密度

种植地被植物的株行距，应按植株高低、分架多少、冠丛大小决定。以成苗后不露出地面为宜。根据苗木品种、规格不同来确定种植密度，一般为16～36株/m^2，色块、色带的宽度超过2m时，中间应留20～30cm宽作业道。地被植物不宜种植过密。

（二）地被植物养护管理措施

1. 水肥管理

地被植物在种植后要及时浇灌。灌水以少量多次为原则，每天早晚各 1 次，每次灌水深度以浸透表层土 3 ~ 5cm 为宜，同时，应避免地表积水。随着地被植物的发育，灌水次数相对逐渐减少，每次的灌水量相应加大。地被植物一般均选取适应性强的抗旱品种，成活后可不必浇水，但出现连续干旱无雨时，应进行浇水。一是浇好返青水，一般应在 2 月底或 3 月初进行；二是北方栽植的地被植物要浇足冻水，灌冻水时间约为 11 月底或 12 月初；三是生长季灌水，时间依具体情况而定，当表层 10cm 土壤出现干旱时即开始进行灌溉，每次灌水深度不小于 10cm。

地被植物生长期内，根据各类植物的生长习性要求，应及时补充肥力。如果发现幼苗颜色变浅泛黄，生长发育缓慢，则表明缺肥，应以 0.2% 的复合肥或尿素进行喷施。有时也可在早春和秋末或植物休眠期前后，结合覆土进行撒施。施肥要均匀，施后立即灌水。

2. 防治空秃

在地被植物大面积栽培中，由于光照不均、排水不畅或病虫害等因素影响，往往会造成地被植物生长不良或死亡而形成空秃，有碍景观。因此，一旦出现，应立即检查原因，翻松土层。如土质欠佳应换土，并及时进行补栽。

3. 修剪平整

一般低矮类型品种不需要进行经常修剪，以粗放管理为主。但由于近年来，各地大量引入观花地被植物，少数带残花或者花茎高的，需在开花后适当压低，或者结合种子采收，适当修剪。修剪工作最好安排在傍晚前后地被植物上没有露水时进行，可以避免地被植物的人为损害和日间阳光的灼晒，剪下的碎屑应及时清理。

4. 更新复苏与群落调整

当地被植物出现过早衰老时，应根据不同情况，对表土进行刺孔，使根部土壤疏松透气，同时加强施肥浇水，有利于更新复苏。对一些观花类的多年生地被植物，则必须每隔 5 ~ 6 年进行 1 次分根翻种，以防止衰退。

地被植物比其他植物栽培期长，但并非一次栽植后一成不变。除了有些品种具有自身更新能力外，一般均需要从观赏、覆盖效果等方面考虑，在必要时进行适当的调整。在种植过程中应注意花色协调，宜醒目，忌杂草。如在绿茵草地上适当布置种植一些观花地被植物，其色彩容易协调，如低矮的白三叶、紫花地丁，开黄花的蒲公英等。又如在道路或草坪边缘种上雪白的香雪球、太阳花，则更显得高雅、醒目和华贵。

5. 病虫害防治

多数地被植物品种具有较强的抗病虫能力，但有时由于排水欠佳或施肥不当及其他原因，也会引起病虫害的发生。在种植前，对于土中的碎石、草根、甲虫、虫卵应尽量清除干净。大面积地被植物的栽植，最容易发生的病害是立枯病，能使成片的地被植物枯萎，应采用喷药措施予以防治，阻止其蔓延扩大。其次是灰霉病、煤污病，亦应注意防治。虫害最易发生的是蚜虫、红蜘蛛等，虫情发生后应及时喷药。由于地被植物种植面积大，防治方法应以预防为主。

第三节 园林植物繁殖栽培设施

一、设施的主要类型与特点

（一）类型

繁殖栽培设施是指人为建造的适宜或保护不同类型的植物正常生长发育的各种建筑及设备，主要包括温室、塑料大棚、荫棚、冷床与温床、风障、冷窖，以及机械化、自动化设备、各种机具和容器等。

（二）温室的特点

现代化温室主要应用于高附加值的园艺作物生产上，如喜温果类蔬菜、切花、盆栽观赏植物、果树、观赏树木的栽培及育苗等。其中具有设施园艺王国之称的荷兰，其现代化温室的 60% 用于花卉生产，40% 用于蔬菜生产。在生产方式上，荷兰温室基本上全部实现了环境控制自动化，作物栽培无土化，生产工艺程序化和标准化，生产管理机械化、集约化。

我国引进和自行建造的现代化温室除少数用于培育林业上的苗木以外，绝大部分也用于园艺作物的育苗和栽培，而且以种植花卉、瓜果和蔬菜为主。

二、塑料大棚

（一）塑料大棚的结构与类型

目前生产中应用的大棚，按棚顶形状可以分为拱圆形和屋脊形，但我国绝大多数为拱圆形。按骨架材料则可分为竹木结构、钢架混凝土柱结构、钢架结构、钢竹混合结构等。按连接方式又可分为单栋大棚、双连栋大棚及多连栋大棚。我国连栋大棚的棚顶多为半拱圆形，少量为屋脊形。

塑料大棚的骨架是由立柱、拱杆（拱架）、拉杆（纵梁、横拉）、压杆（压膜线）等部件组成，俗称“三杆一柱”。

1. 竹木结构单栋大棚

大棚的跨度为 8 ~ 12m，高 2.4 ~ 2.6m，长 40 ~ 60m，每栋生产面积 333 ~ 666.7m^2。由立柱（竹、木）、拱杆、拉杆、吊柱（悬柱）、棚膜、压杆（或压膜线）和地锚等构成。

2.GP 系列镀锌钢管装配式大棚

该系列由中国农业工程研究设计院研制成功，并在全国各地推广应用。骨架采用内、外壁热浸镀锌钢管制造，抗腐蚀能力强，使用寿命 10 ~ 15 年，抗风荷载 31 ~ 35kg/m^2，抗雪荷载 20 ~ 24kg/m^2。

（二）塑料大棚的性能特点

塑料大棚的增温能力在早春低温时比露地高 3 ~ 6℃。其在园艺作物的生产中应用非常普遍，主要用于园艺作物的提早和延后栽培。园林上主要用作切花生产、盆花摆放和育苗等。

三、荫棚

（一）荫棚的结构

荫棚的种类和形式大致分为临时性和永久性两种。

1. 临时性荫棚

除放置越夏的温室花卉外，还可用于露地繁殖床和切花栽培。临时性荫棚建造一般的方法是早春架设，秋凉时逐渐拆除。主架由木材、竹材等构成，上面铺设苇秆或苇帘，再用细竹材夹住，用麻绳及细铁丝捆扎。荫棚一般都采用东西向延长，高 2.5m，宽 6 ~ 7m，每隔 3m 立柱一根。为了避免上下午的阳光从东或西面照射到荫棚内，在东西两端还应设

遮阴帘。注意遮阴帘下缘应距地 60cm 左右，以利通风。

2. 永久性荫棚

用于温室花卉和兰花栽培，在江南地区还常用于杜鹃花等耐阴性植物的栽培。形状与临时性荫棚相同，但骨架多由铁管或水泥柱构成，铁管直径为 3 ~ 5cm，其基部固定于混凝土中，棚架上覆盖苇帘、竹帘或板条等遮阴材料。

（二）荫棚在花卉栽培中的作用

不少温室花卉种类属于半阴性的，如观叶植物、兰花等，不耐夏季温室内的高温，一般均于夏季移出室外，在遮阴条件下培养；夏季的嫩枝叶扦插及播种、上盆或分株植物的缓苗，在栽培管理中均需注意遮阴。因此，荫棚是花卉栽培必不可少的设备。荫棚具有避免日光直射、降低温度、增加湿度、减少蒸发等特点，给夏季的花卉栽培管理创造适宜的环境。

四、繁殖栽培设施的规划布局与环境调控

（一）光照环境及其调节控制

1. 增强光照

①通过改进设施结构以提高透光率。主要包括：选择适宜的建筑场地及合理的建筑方位；设计合理的屋面角；设计合理透明的屋面形状；选择截面积小，遮光率低的骨架材料；选择透光率高且耐候性好的透明覆盖材料等。②改进管理措施。如保持透明屋面清洁，在保温前提下尽可能早揭晚盖外保温和内保温覆盖物，合理密植，合理安排种植行向，选用耐弱光的品种，覆盖地膜，加强地面反光，（后墙）利用反光幕等。③通过人工补光的方式以弥补光照的不足。

2. 减弱光照

降低光照目的主要有两个：一是减弱设施内的光照强度；二是降低设施内的温度。遮光常用的方法是覆盖各种遮阴材料，如遮阳网、无纺布、苇帘等，或将采光屋面涂白，主要用于玻璃温室，可遮光 50% ~ 55%，降低室温 3.5 ~ 5.0℃。

（二）温度环境及其调节控制

温度环境的调控包括保温、加温和降温。

1. 保温

根据温室的热量收入和支出规律，保温措施应主要从减少贯流放热、换气放热和地中

热传导等方面进行。

（1）减少贯流和换气放热

目前减少贯流和换气放热主要采取减小材料间的缝隙、使用热阻大的材料和采用多层覆盖三项措施。

减小缝隙主要是在园艺设施建造及覆盖透明材料时加以注意，另外，温室的保温性能除与各种材料的热阻有关外，还与其厚度有关。多层覆盖主要采用室内保温幕、室内小拱棚和外面覆盖等措施。据测定，玻璃温室和塑料大棚在内加一层 PVC 保温幕时，可分别降低热贯流率 35% 和 40%；而在外部只加一层草苫时，可分别降低 60% 和 65%。

（2）减少地中热传导

地中热传导有垂直传导和水平横向传导。垂直传导的快慢主要与土质和土壤含水量有关，通常黏重土壤和含水量大的土壤导热率低；而水平横向传导除了与土质和土壤含水量有关外，还与室内外地温差有关。因此，可以通过土壤改良、增施有机质使土壤疏松，减少土壤含水量，在室内外土壤交界处增加隔热层等措施减少地中热转导。

（3）蓄积太阳能

白天温室内的温度常常高于作物生育适温，如果把这些多余的能量蓄积起来，以补充晚间低温时的不足，将会大量节省寒冷季节温室生产的能量消耗。具体方法主要有地中热交换、水蓄热、砾石和潜热蓄热四种方式。

2. 加温

（1）热水加温

温室中通常使用铸铁的圆翼形散热器，也可采用其他形式的暖气片。热水加温法加热缓和，温度分布均匀，热稳定性好，余热多，停机后保温性高，是温室加温诸多方法中较好的办法之一，但是设施一次性投资较高。

（2）暖风加温

其具体设备是热风炉，常用的燃料有煤、天然气或柴油。这种方法预热时间短，加热快；容易操纵，热效率高，可达 70% ~ 80%；设备成本低（燃油的较高），大约是热水采暖成本的 1/5；但是停机后保温性差，需要通风换气。暖风采暖可广泛应用于多种类型的温室中。

（3）电热加温

这种方式是用电热温床或电暖风加热。特点是预热时间短，设备费用低，但是停机后保温性能差，而且使用成本高，生产用不经济。主要适用于小型温室或育苗温室地中加温或辅助采暖。

（4）火炉加温

这种方法设备投资少，保温性能较好，使用成本低，但是操作费工，容易造成空气污染。多用于土温室或大棚短期加温。

3. 降温

（1）通风换气

这是最简单而常用的降温方式，通常可分为强制通风和自然通风两种。自然通风的原动力主要靠风压和温差，据测定，风速为2m/s以上时，通风换气以风压为主要动力；风速为1m/s时，通风换气以内外温差为主要动力；风速在1 ~ 2m/s时，根据换气窗位置与风向间的关系，有时风力换气和温差换气相互促进，有时相互颉颃。强制通风的原动力是靠换气扇，在设计安装换气扇时，要注意考虑换气扇的选型、吸气口的面积、换气扇和吸气口的安装位置以及根据静压—风量曲线所确定的换气扇常用量等。

（2）蒸发冷却法

可分为湿热风扇法、水雾风扇法、细雾降温法和屋顶喷雾法等，这些方法主要是通过水分蒸发吸热而使气体降温后进入温室内，从而起到降低室内温度的目的。

（3）植物喷雾降温法

此法是直接向植物体喷雾，或室内地面洒水，这种方法会显著增加室内湿度，通常仅在扦插、嫁接和高温干燥季节采用。

第四节 古树名木的养护管理

一、古树名木的概念与价值

（一）古树名木的概念

古树是指树龄在100年以上的树木，其中树龄在300年（含300年）以上的古树为一级古树；树龄在100 ~ 299年的为二级古树。名木是指稀有、名贵的或具有重要历史价值、纪念意义以及重要科研价值的树木。名木的外延较广，如国家主要领导人亲手种植并且有纪念意义的树木，外国元首种植或赠送的“友谊树”“礼品树”，与某个历史典故有关的树木以及珍贵或濒危树种都在名木的范畴之内。古树名木是活文物，在历史、文化、经济、科研等方面都具有重要价值。

（二）古树名木的价值

1. 古树名木具有历史价值

我国的许多古树跨越多个时代，经历世事变迁，留下了历史的烙印。如晋祠的周代柏树，是古老晋祠历史文化发展的见证者；西安观音禅寺内的千年银杏相传为唐太宗李世民亲手所栽，接受了沧桑岁月的洗礼，如今仍在注视着西安的发展和变化。

2. 古树名木具有经济价值

每一株古树名木都有着苍劲挺拔的奇特姿态或传奇的故事与经历，是名胜古迹的重要组成部分，如北京北海公园的“白袍将军”（白皮松）、享有“世界柏树之父”美誉的陕西尊陵轩辕庙的“轩辕柏”、号称“世界寿命最长的桂树”的陕西汉中圣水寺的汉桂等，都已成为重要的旅游资源，吸引着无数游客前往观赏，同时也给当地带来了巨大的经济收入。有些古老的经济树种如银杏、核桃等仍具有较强的结实能力。

3. 古树名木具有文化艺术价值

从古至今，以古树名木为题材的诗篇、散文、画作及摄影作品层出不穷，是我国文化艺术的宝贵财富。

4. 古树对树种规划具有指导价值

古树多为适应当地气候和土壤条件的乡土树种，在树种规划中，以当地的古树树种作为基调树种和骨干树种，既能够体现当地的地域特色，还可以在很大程度上避免因盲目引种而造成的损失。

5. 古树为研究树木生理提供材料

树木的生命周期很长，以人的生理年限，很难对树木从萌芽到衰老的生长发育规律进行跟踪研究，而古树的存在使我们可以在相对较短的时间内研究不同年龄阶段的树木，从而发现该树种幼年—成年—衰老—死亡的生长规律。

6. 古树是研究古气候、古地理的珍贵资料

古树承载着地球自然变迁的信息：复杂的年轮结构和古树树种的分布能反映古代气候与地理的变化情况，对研究古代自然史具有宝贵的价值。

7. 古树是优良的种质资源

古树经历漫长的岁月而能顽强地生存下来，其中往往携带着某些优良的基因，是宝贵的种质材料。育种中可以这些古树为亲本，培育寿命长且抗逆性强的杂交种，或者通过基因工程获得性状优良的个体。在条件允许的情况下，还可以用古树培育无性系，以使古树的优点得以充分发扬。

二、古树名木的保护管理

（一）调查、登记、备案

组织专人进行系统调查，摸清我国的古树资源。对古树的树种、树龄、胸径、树高、冠幅、生长状况、生长位置及生长地的综合条件等方面内容进行登记，并建立档案。

（二）法规建设

为了加强对古树名木的保护与管理工作，国家和地方先后出台了一些相关的法规和管理办法，如《城市古树名木保护管理办法》等，使我国对古树名木的保护与管理逐步走向规范化。

（三）分级管理

在调查、鉴定的基础上，根据古树名木的树龄、价值、作用和意义等进行分级，实行分级养护管理。一级古树名木由省、自治区、直辖市人民政府确认，报国务院建设行政主管部门备案；二级古树名木由市级人民政府确认，直辖市以外的城市报省、自治区建设行政主管部门备案。古树名木保护管理工作实行专业养护部门保护管理和单位、个人保护管理相结合的原则。城市人民政府园林绿化行政主管部门应对城市古树名木按实际情况分株制订养护、管理方案，落实养护责任单位、责任人，并进行检查指导。生长在城市园林绿化养护管理部门管理的绿地、公园里的古树名木，由城市园林绿化养护管理部门保护管理；生长在铁路、公路、河道用地范围内的古树名木，由铁路、公路、河道管理部门保护管理；生长在风景名胜区内的古树名木，由风景名胜区管理部门保护管理；散生在各单位管界内及个人庭院中的古树名木，由所在单位和个人保护管理。

三、古树名木的常规养护

（一）树体支撑与加固

对树冠大、主枝中空、易遭风折或树体明显倾斜的古树名木，可采用硬支撑、拉纤等方法进行支撑和加固；对树体劈裂或有断裂隐患的大分枝可采用螺纹杆加固、铁箍加固。支撑和加固材料应经过防腐蚀保护处理。

1. 硬支撑

硬支撑是指从地面至古树支撑点用硬质材料支撑的方法。

支撑物常采用结实的钢管、原木等材料。在要支撑的树干、大枝及地面选择受力稳固、支撑效果最好的支撑点。支撑物顶端的托板与树体支撑点的接触面要大，托板和树皮间要垫有弹性的橡胶垫，支撑物下端应埋入地下，确保稳固安全。

2. 拉纤

拉纤是指在主干或大侧枝上选择一个牵引点，在附着体上选择另一个牵引点，两点之间用弹性材料牵引的方法。

（1）硬拉纤

根据大枝的粗度预制圆形或成对的半圆形铁箍，在内侧加橡胶垫围在牵引点上，将长度适中的钢管两端压扁，分别固定在两个牵引点的铁箍对接处。

（2）软拉纤

在被拉的树枝或主干的重心以上选择牵引点，将直径 8 ~ 12mm 的钢丝通过铁箍或螺纹杆与两牵引点连接，注意接触树皮处加橡胶垫固定。用紧线器调节钢丝绳松紧度。随着树木的生长，要适当调节铁箍大小和钢丝的松紧度。

3. 加固

①螺纹杆加固。在树体劈裂处打孔，将螺纹杆穿过树孔，两头垫胶圈，拧紧螺母，使树木裂缝封闭，伤口要消毒，并涂抹保护剂。②铁箍加固。在树体劈裂处安装铁箍，铁箍下要垫橡胶垫。

（二）清洁周围环境

保持古树名木周围环境的清洁，拆除古树名木周边的违章建筑和设施，清除古树名木周围对其生长有不良影响的植物，修剪影响古树名木光照的周边树木枝条，以保证古树名木有充足的光照条件和生长空间。

（三）树盘处理

先清理树下的杂物，特别是对土壤理化性质有严重影响的物质；拆除古树名木吸收根部分布区内不透气的硬铺装，扩大树盘面积，以改善根际土壤的通气透水情况。在树盘内可以铺树皮、卵石、陶粒，或种植浅根系且有改土作用的地被植物，还可以铺植草砖、树盘子或倒梯形砖，铺砖前应在熟土上加沙垫层，砖缝要用细沙填充，不得用水泥、石灰勾缝，以留出透气和渗水的通道。

（四）自然灾害的预防

降雪时，应及时去除古树名木树冠上覆盖的积雪，以防压断树枝。及时对存在雷击隐

患的古树名木安装专业的防雷电装置，对已遭受雷击的古树名木应及时进行损伤部位的保护处理。根据当地气候特点和天气预报，适时做好强风防范工作，防止树体倒伏或枝干劈裂；对存在隐患的古树名木应及时进行树体支撑或加固。对长势衰弱的古树名木可采用设风障、树干涂白、主干包裹等方法进行防寒保暖。

（五）水分与养分管理

早春应根据当年气候特点、树种特性和土壤水分状况，适时浇灌“返青水”。冬季寒冷地区，在土壤上冻之前要灌“封冻水”。土壤干旱缺水时，应及时进行根部缓流浇水，浇水后要松土。当土壤含水量较大，影响根系正常生长时，应采取措施排涝。当古树的枝叶积累过多灰尘时，可以采用喷水的方法加以清洗。

古树施肥要慎重，应依据土壤肥力状况和树木生长需要，适量施肥，不可造成古树生长过旺，加重根系的负担。肥料以腐熟的有机肥为宜，也可根据具体情况适当补充微量元素。施肥可结合复壮沟和地面打孔、挖穴等技术进行，无机肥可以采用叶面喷施。

（六）病虫害防治

合理修剪，及时清除古树名木的枯死枝、病虫枝，加强树冠通风透光。清除带有病原物的落叶、树上及树木周围隐蔽缝隙处的幼虫、蛹、成虫、茧、卵块，减少病虫源。加强有害生物日常监测，提倡以生物防治、物理防治为主。

1. 病害治理

对处于发病初期的叶部病害，如白粉病、叶枯病等，可以喷石硫合剂等进行防治，发病期可以用多菌灵等杀菌剂喷药防治；对于枝干病害，如腐烂病、木腐病等，可在早春对树干涂抹石硫合剂或喷施波尔多液进行预防，发病期内需使用适当的杀菌剂防治；对于根部病害，如烂根病等，可以根据病情适量挖除病根，发病期应使用立枯灵等杀菌剂浇灌根区土壤。

2. 虫害治理

虫害的防治应使用低毒无公害的农药，如吡虫啉、苯氧威、灭幼脲、菊酯类药物等。常见的施用方法有喷施、枝干注射、根部浇灌、土壤埋施等。在使用杀虫剂的同时，建议配合使用人工捕杀、灯光诱杀、性信息素诱杀、生物防治等方法。

（七）设围栏与立标牌

古树名木周围应设置保护围栏，以防止过度践踏和人为破坏。围栏与树干的距离应不小于 3m，也可以将围栏设在树冠的投影范围之外。特殊立地条件无法达到 3m 的，以人摸不到树干为最低要求。围栏的地面高度通常在 1.2m 以上。

古树名木应配有明显的标牌，标明树种、树龄、等级、编号、管护责任单位等信息；同时应设立宣传板，介绍古树名木的来历与意义，以起到科普宣传和激发民众保护意识的作用。

四、古树名木的复壮

（一）地而处理

拆除古树名木吸收根主要分布区内的硬铺装，在露出的土面上均匀布设 3 ~ 6 个点，钻孔或挖土穴。钻孔直径 10 ~ 12cm，深 80 ~ 100cm，孔内填满草炭土和腐熟有机肥。土穴的长、宽均为 50 ~ 60cm，深 80 ~ 100cm，土穴内从底往上并排铺两块空心透水砖，砖垒至略高于原土面，土穴内其他空处填入掺有腐熟有机肥的熟土，填至齐平原土面。然后在整个原土面铺掺有草炭土的湿沙并压实，最后直接铺透气砖并与周边硬铺装地面找平。

（二）挖复壮沟

在树冠垂直投影外侧，挖深 80 ~ 100cm，宽 60 ~ 80 cm 的沟，长度和形状依具体环境而定，多为弧状或放射状。单株古树可挖 4 ~ 6 条复壮沟，群株古树可在古树之间设置 2 ~ 3 条。复壮沟内可根据土壤状况和树木特性添加复壮基质，补充营养元素。复壮基质常由壳斗科树木的腐熟和半腐熟落叶混合而成，再掺入适量含氮、磷、铁、锌等矿质元素的肥料，也可以埋入适量健康枝条。

复壮沟的一端或中间常设直径 1.2m，深 1.2 ~ 1.5m 的渗水井（要比复壮沟深 30 ~ 50cm），井底掏 3 ~ 4 个小洞，内填树枝、腐叶土、微量元素等，井内壁用砖砌成坛子形，下部不用水泥勾缝，以保证可以向四周渗水，井口加铁盖。渗水井的作用主要是透水存水，改善根系的生长条件。雨季如果渗水井不能将多余的水渗走，可以用泵将水抽出。

（三）埋条促根

在树冠垂直投影外侧挖长 120cm，宽 40 ~ 60cm，深 80cm 的放射状沟。埋条的地方不能过低，以免积水。将苹果、海棠、紫穗槐等的健康树枝剪成 40cm 左右的枝段，捆成直径 20cm 左右的捆。沟内先铺 10cm 厚的松土，上面平铺一层成捆的枝段，上覆少量松土，结合覆土施入麻酱渣、尿素、动物骨头或脱脂骨粉，覆土 10cm 后放第二层成捆的枝段，最后覆土踏平。埋条促根可以与挖复壮沟法结合进行，两者均可促进土壤微生物活动，促进团粒结构的形成和根系生长，还可以增加土壤肥力。

（四）埋通气管

在树冠垂直投影外侧埋设通气管，以改善古树名木根系土壤的通气状况。通气管可以用直径 10 ~ 15cm 的硬塑料管打孔外包棕片制成，也可以用外径 15cm 的塑笼式通气管外包无纺布制成，管高 80 ~ 100cm，从地表层到地下竖埋，管口加带孔的铁盖口，通过通气管还可以对古树名木进行浇水、施肥和病虫害防治。1 株古树可设 3 ~ 5 个通气管。通气管可以单独埋设，也可以埋设在复壮沟的两端。

（五）换营养土

在树冠垂直投影范围内，对根系主要分布区域的土壤进行挖掘，注意不要伤根，暴露出来的根要及时用浸湿的稻草、海绵等物覆盖，或用含有生长素的泥浆保护。挖土深度 50cm 左右，将挖出的旧土与砂土、腐叶土、锯末、粪肥、少量化肥混合均匀后填埋回去。对根际土层变薄、根系外露的情况，也应以营养土填埋。此法可以增加土壤肥力，改善土壤的理化性质。对生长于坡地且树根周围出现水土流失的古树名木，应砌石墙护坡，填土厚度以达到原土层厚度为宜。

换土要分次进行，每次换土面积不超过整个改良面积的 1/4，两次换土的间隔时间为 1 个生长季。

（六）适当修剪

古树的修剪量不宜过大，通常以疏剪为主，修剪对象为枯死枝、病虫枝、老弱枝、重叠枝等。落叶树通常在落叶后与新梢萌动之前进行修剪；易伤流、易流胶树种的修剪应避开生长季和落叶后伤流盛期；生长季可及时疏花疏果，降低古树的生殖生长；存在安全隐患的枯死枝、断枝、劈裂枝应及时修剪。

锯除大枝要采用“三锯下枝法”，先在要锯除枝条的预定切口以外 25 ~ 30cm 处，自下而上锯一伤口，深达枝干直径的 1/3 ~ 1/2；然后在第一锯口外侧自上而下锯截，将树枝锯掉；第三锯再根据预定切口将残桩锯除。锯口断面要平滑，不劈裂。对于断枝、劈裂枝，若残留的枝杈上尚有活枝，则应在距离断口 2 ~ 3cm 处修剪；若无活枝且直径小于 5cm，应尽量靠近主干或枝干修剪；直径 5cm 以上的枝杈则在保留树形的基础上将伤口附近适当处理。

（七）树体防腐与树洞修补

此工作宜在树木休眠期天气干燥时进行。防腐材料要对树体活组织无害，且防腐效果持久。填充材料应能充满树洞，并与树洞内壁结合紧密。外表的封堵修补材料应具有防水、抗冷、抗热性能，且不易开裂。

对树体稳固性影响小的树洞可以不做填充，但要注意避免积水，必要时可设导流管（孔）。对于皮层或木质部腐朽造成主干、主枝形成空洞或轮廓缺失，应进行防腐和填充处理：先清除腐朽的木质碎末等杂物，清理需要填充部位的朽木，并对其边缘做相应的清理，以利于封堵，裸露的木质部用5%的季铵铜溶液喷雾两遍，以防腐杀虫。填充部位的表面经消毒风干后，可填充聚氨酯。树洞较大时，可先填充经消毒、干燥处理的同类树种木条，木条间隙以聚氨酯填充，再填充整个树洞。如果树洞太大影响树体稳定，可以先用钢筋做稳固支撑龙骨，外罩铁丝网造型，然后再填充。填充好的外表面，用利刀随树形削平整，然后在聚氨酯表面喷一层阻燃剂。留出与树体表皮适当距离，罩铁丝网，外贴一层无纺布，在上面涂抹硅胶或玻璃胶，厚度不小于2cm，至树皮形成层，封口外面要平整严实，洞口边缘也做相应处理，用环氧树脂、紫胶脂或蜂胶等进行封缝。封堵完成后，最外层可做仿真树皮处理。

第五章 园林植物造景设计程序、原则与方法

第一节 园林植物造景设计的基本程序

一、设计准备阶段

设计准备阶段是规划前必须考虑的要素。设计者应尽可能地掌握项目的相关信息，并根据具体的要求对项目进行分析。一般在接到工程项目之后，首先应和委托方（甲方）进行了解和沟通，弄清委托方（甲方）的主要意图，并阐明设计者的基本思路，估算设计费用并讨论合约签订等事宜。这阶段包括收集与所选环境植物景观规划相关的资料，所收集资料的深度和广度将直接影响随后的分析与决定。因此必须注意收集那些与所规划场地有密切联系的相关资料。

（一）确定规划目标

通过与委托方（甲方）交流，设计者要充分了解委托方（甲方）对于植物景观的具体要求，有哪些愿望，对设计所要求的造价和时间期限等内容。这些内容往往是整个设计的根本依据，从中可以确定哪些值得深入细致的调查和分析，哪些只需做一般的了解。在任务书阶段很少用到图片，常以文字说明为主。

（二）获取图纸资料

委托方（甲方）应向设计者提供基地的测绘图、规划图、现状树木分布位置图及地下管线等图纸，设计者根据这些图纸确定以后景观植物可能的种植空间及种植方式，根据具体的情况和要求进行植物景观的规划设计。

（三）获取基地其他信息

基地其他信息主要包括以下几个方面。

自然状况：地形、地质、水文、气象等方面的资料。

植物状况：项目基地的乡土植物种类、群落组成及引种植物情况等。

人文历史资料调查：当地风俗习惯、历史传说故事、居民人口及民族构成等。

总之，设计者在接到项目后要多方收集资料，尽展详细，深入地了解项目的相关内容，以求全面地掌握可能影响植物的各个因子，从而指导设计者选择合适的植物进行植物景观的创造。

二、研究分析阶段

（一）基地调查与测绘

1. 现场踏查

基地现状调查包括收集与基地有关的技术资料和进行实地察看、测量两部分工作。有些技术资料可从有关部门查询，如基地所在地的气象资料、基地地形、城市规划资料等。对于查询不到又必需的资料，可通过实地调查、勘测得到，如基地及环境的视觉质量、基地小气候条件等。在这个阶段，有大量的资料和情况需要研究。下列是在对基地现状进行调查时应该考虑的因素。

（1）基地位置和周围环境的关系

①基地周围的用地状况和特点

相邻土地的使用情况和类型，相邻的道路和街道名称，其交通量如何？何时高峰？街道会产生多少噪音和眩光。

②相邻环境识别特征

相邻环境中的建筑物的年代、样式及高度，植物的生长情况，相邻环境的特点与感觉，相邻环境的构造和质地。

③标出地区、居住区主要机关的位置

主要机关包括如学校、警察局、消防站、商业中心和商业网点、公园和其他娱乐中心等。

④标出相邻交通的状态

交通状态是指道路的类型、体系和使用量、交通量是否每月或随季节改变到基地的主要交通方式。

⑤相邻区的区分和建筑规范

规范内容主要包括允许的建筑形式、建筑高度和宽度的限制，建筑红线的要求，道路宽度的要求。

（2）地形

标出整个基地中的不同坡度（坡度分析）；标出主要地形形态及每种的特色，凸地形、

凹地形、山脊、山谷；标出冲刷区（坡度太陡）和表面易积水区（坡度太缓）；标出现有建筑物室内室外的标高。

（3）水体

标出每一汇水区域与分水线；检查现有建筑各排水点，标出建筑排水口的流水方向；标出主要水体的表面高程，并检查水质；标出河流、湖泊的季节变化，洪水和最高水位，检查冲刷区域；标出静止水的区域和潮湿区域，基地的排水。

（4）植物

标出现有植物位置；对大面积的基地应标出：不同植物类型的分布带；树林的密度；树林的高度和树龄；对较小基地应标出：植物种类；大小（高度、宽度和乔木的树冠高）；外形、色彩（树叶和花）和季相变化；质地；独特的外形或特色；标出现有植物对发展的限制因素。

（5）小气候

标出全年季节变化，日出及日落的太阳方位；标出全年不同季节、不同时间的太阳高度；标出夏季和冬季阳光照射最多的方位区；标出夏季和冬季遮阴最多区域；标出全年季风方位；标出最大和最小降雨量。

2. 现场测绘

如果委托方（甲方）无法提供准确的基地测图，或现有资料不完整，或与现状有出入的，则应到现场重新勘测或补测，并根据实测结果绘制基地现状图。基地现状图中应包含基地中现存的所有元素，如植物、建筑、构筑物、道路、铺装等。

通过实地勘测或查询当地资料，做出实地的平面图、地形图或剖面图等。基本图纸需用简明易读的绘图技巧绘制，不宜太复杂、细致，应保持图面的完整性及各部分图的图面连续性。

（二）基地现状分析

记录基地的现状资料是比较容易的，对基地资料的分析实则较为困难。调查是手段，分析才是目的。现状分析是设计的基础与依据，特别是对于与基地环境因素密切相关的植物，基地的现状分析关系到植物的选择、植物的生长、植物景观的创造、功能的发挥等一系列问题。一个好的设计分析从某种程度上决定了以后设计的成功与否。基地分析包括在地形资料的基础上进行坡度分析、排水类型分析，在土壤资料的基础上进行土壤承载力分析，在气象资料的基础上进行日照分析、小气候分析等。

1. 现状分析的内容

现状分析包括对项目地的自然环境（地形、土壤、光照、植被等）分析、环境条件分析、景观定位分析、服务对象分析、经济技术指标分析等。由此可见，现状分析的内容比较复杂，要想获得准确的分析结果，一般要多专业配合，按专业分项进行，如地形调查分析，水体调查分析，土壤调查分析，植被调查分析，气象资料调查分析，基地范围、交通及人工设施调查分析，视线及有关的视觉调查分析等。一个优秀的设计师能够启发顾客的思路，从而使他们能提供尽可能多的相关信息。在可能情况下，人群需求的综合分析应该包括他们现在和将来的所有计划。

分析要以自然、人文条件之间的相互关系为基准，加上业主意见，综合研究后，决定设计的形式以及设计原则和造型的组合等。

2. 现状分析的方法

（1）系统分析法

在场地分析中，所有园址和建筑物都要进行测量，并连同园址特征的优缺点一起记录到纸上，测量必须非常精确。在场地分析过程中，所有可能影响场地的地役权，建筑缓冲带以及其他有关法律、法规所包含的因素都应该清楚。

（2）实验分析

实验分析主要是对土壤样品进行分析。要对区域内的土壤进行质地的测定，如土壤类型是黏土还是沙壤土，是贫瘠还是肥沃，pH 值呈酸性还是碱性，以及表土层的结构、含水量等。

（3）图像分析

在绿化设计中，常常需要各种图像信息资料，如地形地貌图，实地景物照片和录像，甚至遥感航测图、卫星照片等。根据这些资料也可获取现状景物等，也能获取比现场踏勘更完整、更准确的信息，同时还可从整体上分析把握设计方案的脉搏。

（4）简图分析

用简明易读的绘图技巧绘制场地功能分析示意图、设计条件分析图，是设计师常用手法，可以对基地有更深入的认识理解。当基地面积较小或性质较单一时可将它们合并画在同一张图上。较大规模的基地是分项调查的，因此基地分析也应分项进行，最后再综合。首先将调查结果分别绘制在基地底图上，一张底图上只做一个单项内容（如地形、水体、土壤、植被等），然后将诸项内容叠加到一张基地综合分析图上，标明关键内容。

三、设计构思阶段

（一）设计思路

面对种类繁多的植物种类，怎样选择、组合、布置，达到从每个可能的观赏角度均有良好效果，实现植物景观功能，需要在设计构思阶段提出初步的设计理念。设计师构思多半是由项目的现状所激发产生的。在现场应注意光照、已有景致对设计者的影响，以及其他感官上的影响。明确植物规划材料在空间组织、造景、改善基地条件等方面应起的作用，做出种植方案构思图。构思的过程就是一个创造的过程，每一步都是在完成上一步的基础上进行的。应随时用图形和文字形式来记录设计思想，并使之具体化。

一般的植物造景设计思路遵循从具体到抽象，采用提炼、简化、精选、比较等方法进行；从整体到局部，在总体控制下，由大到小、由粗到细，逐步深入；从平面到立面，主要功能定位、景观类型、种植方式、种植位置、植物种类与规格的确定。

确定种植设计的主题或风格即立意的过程，应遵循意境主题景观和植物空间景观的塑造原则。主题可以考虑活泼愉快，或庄严肃穆，或宁静伤感。种植的形式和风格，可以考虑为自然式、规则式或自由式；或者确定主题园，例如草本植物园、药用植物园、芳香园等。

（二）功能分析，明确造景设计目标

1. 功能分析

设计工作的语言主要是通过图纸来表达，设计师的分析也是通过图纸来完成的。植物造景要体现功能与形式的统一。

合理功能分析是设计构思阶段的核心任务。将前阶段现状调研分析的结论和建议均反映在图中，并研究设计的各种可能性。目的是在设计所要求的主要功能和空间之间求得最合理、最理想的关系。

合理功能分析是以抽象图解方式合理组合各种功能和空间，确定相互间的关系，它就是设计师通常所说的“气泡图”或“方框图”。在这一步骤中，只有简单的图形、符号和文字，而没有实际意义的方案，是一种概念性初步设计。

合理功能分析可以在草图上绘制多幅，进行比较，不受实际地形限制，一般应表示出主要功能和其他功能的关系；空间分析；人、车流线分析，客源来向，主要交通流线；绿化主体树种的选定与分布。

在合理功能分析的基础上，结合实际地形和功能需求，进一步地做出适合基地的功能和布局分析。

2. 造景设计目标确定

在基地分析的基础上，了解种植在整体景观设计中的功能作用，从而得出设计要解决的问题，即造景设计目标。

考虑配合场地景观的机能需求，发挥种植的功能。例如，利用植物的隔离作用，减轻风、噪声及不良视景的影响。

改变场地的微气候。选用适合场地生态条件，且具有美化、绿化及实用价值的植物。

塑造场地景观独特的种植意象。利用植物不同的树形、色彩、质地等观赏特性，配合场地景观做适当的配置，以建立场地的特殊风格。

提高场地及其周围地区环境的视觉品质。利用植物细密的质感与柔和的线条，缓和建筑物及硬质铺面所造成的心理上的压迫感。同时考虑种植设计是否需要满足特定的美学要求，例如，需要开朗热烈、宁静私密，还是要肃穆端庄。考虑季节性的变化，以创造四季花木扶疏的美的景观意象。人的主要观赏路线、角度和方向也需要在此时确定。

利用种植设计塑造场地的空间意象。配合景观设施的设置，利用植物配置组成不同形式的空间，以提供多样性的视觉景观。

（三）植物景观构图设计

所谓构图即组合、布局的意思。园林植物造景构图，不但要考虑平面，更要考虑空间、时间等因素，要遵循构图规律。在保持各自的园林特色的同时，更要兼顾到每个植物材料的形态、色彩、风韵、芳香等特色，考虑到内容与形式的统一，使观赏者在寓情于景、触景生情的同时，达到情景交融的园林审美效果。

植物景观图设计，应在植物景观功能分区的基础上，考虑各功能区内植物景观的组成类型、种植形式、大小、高度及形态。

1. 植物组合与布局

根据植物种植分区规划图选择景观类型，应用树木、花卉、草坪、藤木与地被植物进行合理组合，构成层次丰富、类型多样的景观空间。

2. 立面设计

通过立面图分析植物高度组合是否能够形成优美、流畅的林冠线和层次变化，还可以判断这种组合是否能够满足功能需要。

用大小长短不一的方框代替单体植物成熟时的大致尺寸。画出哪里用树，哪里用高、低灌木，将这些方框组合成一个和谐的立面。人的观赏角度和距离决定人眼所能组合在一起、看作一个整体的单个物体的数目是 6 个，人所处的距离也会使人能观赏到的横向距离

发生变化，所以，一个立面里所包括的植物方框不超过 6 个，当然，大型的种植设计立面可以由若干个小立面组成。通常小型的种植设计是一个到两个组合合并，大型的种植设计则一般需要三个到五六个组合合并。

组合与组合之间可以是在立面上拉开的关系，也可以在立面上互相遮挡，在平面上呈前后关系。低矮的组合放在前面，高些的灌木或树木组合放在后面。植物方框或立面组合之间可能会互相遮挡，这些可以理解为植物在平面深度上的变化。

一般的种植设计组合，两到三层的植物深度就可满足要求，通常需做几个立面进行研究，最重要的是确定种植的总外轮廓线。精心设计的外轮廓线能保证整个设计与基地的比例正确，搭配完整，总体和谐。

3. 形状、色彩、质地的搭配

完成立面空间的设计后，可以考虑进行形状、色彩、质地的比较和搭配，它们是获得变化的重要手段。

（1）形状

用真正的植物轮廓（如金字塔形、花瓶形、铺展形等）代替原来抽象的方框。高的方框可以用乔木或针叶木的形状代替，低的方框则用高矮比例不一的灌木或草本植物形状代替。植物具有多种多样的形状，以乔木而言，反映在起始立面上可能是一个简单的瘦长方形，但是落实到具体的植物形状上，就有圆形、椭圆形、花瓶形、竖直形、圆柱形、金字塔形等变化。加上灌木和草本的各种形状，以及常青植物和落叶植物之间的互换，形状的研究可以产生很多种变化。形状立面完成时，要满足重复、变异、强调等设计原则。

（2）色彩

园林景观色彩设计不管追求的是怎样的风格，从开始到结束都要贯彻对比和调和的设计原则，要满足人眼视觉平衡的要求。色彩对人具有较大的影响力，色彩与园林意境的创造、空间构图以及空间艺术表现力等有着密切的关系。现代城市园林中以色彩为主体的景点也很多。

（四）选择植物，详细设计

该环节属于园林植物种植设计的细部设计阶段，是利用植物材料使种植方案的构思具体化，包括详细的种植造景平面、植物的种类和数量、种植间距等。由于生长习性的差异，植物对光线、温度、水分和土壤等环境因子的要求不同，抵抗劣境的能力不同，因此在详细设计中应针对基地特定的土壤、小气候条件和植物选择进程进一步确定其形状、色彩、质感、季相变化、生长速度、生长习性、造景效果相匹配的植物种类。

1. 植物种类的选择

通过前阶段的分析，对植物的大小、形状、质地、色彩都已经有了大致的概念，可以以此作为条件之一选择植物。此外，还要考虑以下因素。

（1）基地条件

对不同的立地光照条件应分别选择喜阴、半耐阴、喜阳等植物种类；多风的地区应选择深根性、生长快速的植物种类；在地形有利的地方或四周有遮挡并且小气候温和的地方可以种一些稍不耐寒的种类，否则应选用在地区最寒冷的气温条件下也能正常生长的植物种类；受空气污染的基地还应注意根据不同类型的污染，选用相应的抗污染种类；对不同pH值的土壤应选用相应的植物种类；低凹的湿地、水岩旁应选种些耐水湿的植物。

（2）基地功能

遮阳，宜选树冠开展、枝叶茂密、分枝点高的树种。防风，一般植物多少皆具防风效果，但在特殊恶劣环境下，宜选特殊的防风树种。控制风蚀，在用量多且雨蚀强的地方宜选枝叶密、根系发达的常绿树种及具水土保持作用的蔓藤花卉或旱本花卉。隔离，为达到营造私密空间、屏障不良视线或控制视线的目的，宜按设计所需隔离的高度及密度，选用具有刺、枝干多或枝条较硬等特性的植物。防强光，于砂地、人工铺面及近水面易反光之处，宜选质感重的浓绿遮阳树种。防空污染，在空气污染严重的地区，宜视污染的性质，选择适当的抗污染植物。

2. 植物配置设计重点

（1）植物种类处理

保存现有植被，选择的每一种植物应符合预期功能，树木是基础。

（2）实用功能应用

种植设计中用灌木丛作为补充的低层保护和屏障；把藤蔓植物作为网状物和帘幕；在底层地面上种植地被植物，以保持水土，界定道路和绿地，以及在需要的地带布置草坪；在地面物体或建筑易造成影响的地方封闭式布置树丛或缩短树距；隐藏停车场、仓库及其他服务设施；弥补地形形态；利用植物构成空间。

（3）艺术处理

用冠荫树统一场地；选择作为主题基调树种的类型应当是中等速生的，而且无须太多管理就能长势良好的本土树种；利用辅调树种为补充基调种植，以及在较小尺度内构筑场地空间；恰当地利用补充树种来划分或区分出具有独一无二的景观特质的区域；用基调树木强化大片种植中的“突出点”：布置树丛提供景致以及扩大开放空间；利用逐渐形成的空间序列来围绕和连接不同的场地功能区；避免杂乱多样的基础种植；避免多种植物类型

的分散。

（4）道路布置

利用树木来覆盖交通线路；对交通道路的结点给予重视；在道路的交叉口要保持视线的通畅；对任何街坊区和活动中心，都应创造一个富有吸引力的道路入口；扩展路边种植；用树木强化小径或大道的走向效果；给小路及自行车道增添阴凉和情趣。

（5）生态环境设计

在所有景观种植中都要考虑气候控制；设置植物屏障来遮挡不雅景致，消除强光，降低噪声；沿洼地和水道布置植被；外来物种应被限制在经过良好改善的区城中。

四、设计表达阶段

设计表达的基本语言是图纸，完整的园林景观细部设计图纸应包括地形图、分区图、平面配装、断面图、立面图、施工图、剖面图、鸟瞰图等。细部设计包括种植设计、园林景观设施设计等。

种植设计完成后要表现在图纸中。种植设计图是种植施工的依据，包括种植设计表现图、种植平面图、详图以及必要的施工图解和说明。由于季相变化、植物的生长等因素很难在设计平面中表示出来，因此，为了相对准确地表达设计意图，还应对这些变动内容进行文字说明。

（一）植物种植设计图纸的类型

1. 种植设计表现图

种植设计表现图不讲尺寸、位置的精确，而重在艺术地表现设计意图，以求达到造景的效果与美感。如平面效果图、立面效果图、透视效果图、鸟瞰图等。绘制种植设计表现图也不可一味追求图面效果，不可同施工图出入太大。

2. 种植平面图

种植平面图应包括植物的平面位置或范围、详细尺寸、种植的数量和种类、艺术的规格、详细的种植方法、种植坛和台的详图、管理和栽后养护期限等图纸与文字内容。种植平面图应表明每种植物的具体位置和种植区域。

在种植平面图中应标明每种树木的位置，树木的位置可用树木平面图圆心或过圆心的短“十”字线表示。在图面上的空白处用引线和箭头符号标明树木的种类，也可只用数字或代号简略标注。同种树木群植或丛植时可用细线将其中心连接起来统一标注。随图还应附所用植物名录，名录中应包括与图中一致的编号或代号、普通名称、拉丁学名、数量、规格以及备注。

很多低矮的植物常常成丛栽植，因此，在种植平面图中应明确标出种植坛或花坛中的灌木、多年生草花或一年生草花的位置和形状，花坛内不同种类宜用不同的线条轮廓加以区分。在组成复杂的种植坛内还应明确划分每种类群的轮廓、形状，标注上数量、代号，覆上大小合适的格网。灌木的名录内容和树木类似，但需加上种植间距与单位面积内的株数。草花的种植名录应包括编号、俗名、学名（包括品种、变种）、数量、高度、栽植密度，有时还需要加上花色和花期等。

种植图的比例应根据其复杂程度而定，较简单的可选小比例，较复杂的可选大比例，面积过大的种植宜分区做种植平面图，详图不标比例时应以标注的尺寸为准。在较复杂的种植平面图中，最好根据参照点或参照线做网格，网格的大小应以能相对准确地表示种植的内容为准。

种植设计图常用比例为：①林地 1 ∶ 500；②树木种植平面 1 ∶ 100 ~ 1 ∶ 200；③灌木、地被植物 1 ∶ 50 ~ 1 ∶ 100；④复杂的种植平面及详图 1 ∶ 50。

植物种植设计平面图中包括了庞大的信息量，所以平面图纸组成部分的安排应当引起足够的重视。应当指出的是这个清单的内容应当根据工程规模的大小以及绘制图纸比例的不同而有所变化和调整，①比例尺，包括文字和图案两种形式；②指北针；③原有植物材料；④需要调整和移植的植物；⑤灌木、藤蔓植物和地被植物（包括现有的和规划的）；⑥适用的地形图；⑦必要的详图（通常需要单独的图纸）；⑧植物名录表。

3. 种植详图

种植平面图中的某些细部的尺寸、材料和做法需要用详图表示，如不同胸径的树木需带不同大小的土球，根据土球大小决定种植穴尺寸、回填土的厚度、支撑固定桩的做法和树木的整形修剪及造型方法等。用贫瘠土壤做回填土时需适当加些肥料，当基地上保留树木的周围需挖土方时应考虑设置挡土墙。在铺装地上或树坛中种植树木时需要做详细的平面或剖面以表示树池或树坛的尺寸、材料、构造和排水。

（二）植物绘图表现方法

植物的种类很多，各种类型产生的效果各不相同，表现时应加以区别，分别表现出其特征。

1. 树木的表示方法

（1）树木的平面表示方法

树木的平面表示可先以树干位置为圆心，树冠平均半径为半径做出圆，再加以表现，其表现手法非常多，表现风格变化很大。

（2）树木的立面表示方法

树木的立面表示方法可分成轮廓、分枝和质感等几种类型，但有时并不十分严格。树木的立面表现形式有写实的，也有图案化的或稍加变形的，其风格应与树木平面和整个图面相一致。

（3）树木平面、立面的统一

树木在平面、立（剖）面图中的表示方法应相同，表现手法和风格应一致。保证树木的平面冠径与立面冠幅相等、平面与立面相对应、树干的位置处于树冠圈的圆心。这样做出的平面图、立面图和剖面图才和谐。

2. 灌木和地被植物的表示方法

灌木没有明显的主干，平面形状有曲有直。自然式栽植灌木丛的平面形状多不规则，而修剪的灌木和绿篱的平面形状规则的或不规则的皆有，但整体上是平滑整齐的。灌木的平面表示方法与树木类似，通常修剪规整的灌木可用轮廓、分枝或枝叶型表示，不规则形状的灌木平面宜用轮廓型和质感型表示，表示时以栽植范围为准。由于灌木通常丛生，没有明显的主干，因此灌木平面很少会与树木平面相混淆。

地被植物宜采用轮廓勾勒和质感表现形式。作图时应以地被植物栽植的范围线为依据，用不规则的细线勾勒出地被植物的范围轮廓。

五、植物景观施工阶段

通过植物景观施工过程，把设计图纸转化为现实环境，最终获得景观的彻底表达。

（一）施工现场准备

施工前，应调查施工现场的地形与地质情况，向有关部门了解地上物的处理要求及地下管线分布情况，以免施工时发生事故。

1. 清理障碍物

施工前将现场内妨碍施工的障碍物，如垃圾堆、建筑废墟、违章建筑、砖瓦石块等清除干净。对现场原有的树木尽量保留，对非清除不可的也要慎重考虑。

2. 场地整理

在施工现场根据设计图纸要求，划分出绿化区与其他用地的界线，整理出预定的地形，主要使其与四周道路、广场的标高合理衔接。根据周围水系的环境，合理规划地形，或平坦或起伏，使绿地排水通畅。如有土方工程，应先挖后填。如果有机械平整土地，则事先应了解是否有地下管线，以免机械施工时造成管线的损坏。对需要植树造林的地方要注意层的夯实程度与土壤结构层次的处理，如有必要，适当加客土以利植物生长。低洼处应合理安排排水系统，现场整理后应将上面加以平整。

3. 水源、水系设置

绿化离不开水，尤其是初期养护阶段。水源源头位置要确定，给水管道安装位置、给水构筑、喷灌设备位置、排水系统位置、排水构筑物有关位置、电源系统都要明确定位，安置适当。

（二）定点放线

定点放线即是在现场测出苗木栽植位置和株行距。由于种植方式各不相同，定点放线的方法也有很多种，常用的有以下三种。

1. 规整式树木的定点放线

规则整齐、行列明确的树木种植要求位置准确，尤其是行位必须准确无误。对于呈规整式种植的树木，可用仪器和皮尺定点放线，定点方法是将绿地的边界、园路广场和小建筑物等的平面位置作为依据，量出每株树木的位置，钉上木桩，上写明树种名称。一般的行道树行位按设计的横断面所规定的位置放线，有固定路牙的道路以路牙内侧为基准，无路牙的则以路中心线为基准。用钢尺或皮尺测准行位，中间可用测杆标定。定好行位，用皮尺或测绳定出株位，株位中心用白灰做标记。定点时如遇电线杆、管道、涵洞、变压器等障碍物应躲开。

2. 自然式丛林的定点放线

自然式丛林的定点放线比较复杂，关键是寻找定位点。最好是用精确手段测出绿地周围的范围，道路、建筑设施等的具体方位，再定种植点的位置。

丛林式种植设计图有两种类型：①在图纸上详细标明每个种植点的具体方位；②在图纸上仅标明种植位置范围，而种植点则由种植者自行处理。

丛林式种植定点放线主要有以下几种方法：

（1）坐标定点法

根据植物造景的疏密度，先按一定的比例在设计图及现场分别打好方格，在图上用尺

量出树木的某方格的纵横坐标尺寸，再用皮尺量出在现场相应的位置。

（2）仪器测放法

用经纬仪或小平板仪依据地上原有基点或建筑物、道路将树群或孤植树依照设计图上的位置依次定出每株的位置。

（3）交会法

此办法较适用于小面积绿化。找出设计图上与施工现场完全符合的建筑基点，然后量准植树点位与该两基点的相互距离，分别于各点用皮尺在地面上画弧标出种植点位，并撒白灰做标志即可。

（三）苗木选择

苗木的选择，除了根据设计者给出对规格和树形的要求外，要注意选择长势健旺、无病虫害、无机械损伤、树形端正、须根发达的苗木；而且应该是在育苗期内经过翻栽，根系集中在树蔸的苗木。苗木选定后，要挂牌或在根基部位画出明显标记，以免挖错。起苗时间和栽植时间最好能紧密配合，做到随起随栽。

（四）挖种植穴

挖种植穴与植物的生长有着密切的关系。挖种植穴时以定点标志为圆心，先在地面上用白灰做圆形或方形轮廓，然后沿此线垂直挖到规定深度。切记要上下口垂直一致，挖出的坑土要上下层分开，回填时，原上层表土因富含有机质而应先回填到底部，原底层土可加填到表层。种植穴的大小依土球规格及根系情况而定，带土球的应比不带的大16 ~ 20cm。

栽裸根苗的穴应保证根系充分伸展，穴的深度一般比土球高度稍深些，穴一般为圆形。栽植绿篱时应挖沟，而非单坑。花卉的栽培比较简单，可播种、移植，或直接把花盆埋于土中，但对于细节要求却很严格，如种子的覆土厚度、土壤的颗粒大小、施肥、灌水等。

（五）栽植

不同的植物规格不同，栽植要求也不同。栽植前，苗木必须经过修剪，其主要目的是减少水分的散发，保证树势平衡以确保树木成活。修剪时其修的量依不同树种要求而有所不同，一般对常绿针叶树及用于植篱的灌木不多剪，仅剪去枯病枝、受伤枝即可。对于较大的落叶乔木，尤其是长势较强的树木，如杨、柳可进行强行修剪，树冠可剪去 1/2 以上。栽植时首先必须保证植物的根系舒展，使其充分与土壤接触，为防止树木被风吹倒可立支架进行绑缚固定。

（六）灌水

根据所植不同植物的生长习性进行合理的灌水。树木类一般在栽植时要进行充分灌水，至少要连灌三次以上方能保证成活。草木花卉视情况测定，有的是先灌水后栽（或播种），有的是先栽后灌水，一般一周后及时覆土封坑。

（七）植物造景的养护

园林植物所处的各种环境条件比较复杂，各种植物的生物学特性和生态习性各有不同，因此，为各种园林植物创造优越的生长环境，满足植物生长发育对水、肥、气、热的需求，防治各种自然灾害和病虫害对植物的危害，确保植物生长发育良好，同时可以达到花繁叶茂的绿化效果。通过整形修剪和树体保护等措施调节树木生长和发育的关系，并维持良好的树形，使其更适应所处的环境条件，尽快而且持久地发挥植物景观的各种功能效益，这些将是园林工作中重要而长期的任务，也是植物景观设计意图能够充分体现的保证。

所以，控制性修剪对植物景观的形成和不衰，也是一项十分重要的技术工作，必须有专人负责。对名花、名木、古树的养护更要细致周到，这些是园林中的无价之宝，切不可掉以轻心。

第二节　园林植物造景设计的基本原则

一、因地制宜原则

依据地理纬度、地形、地势、光照、水分、土壤等生态环境条件和配置的景观类型（庭园、道路、广场、水体、山体，花境、花坛等景观）以及植物的生态习性和生长发育规律，科学合理地选择植物，将乔木、灌木、草本或藤本等植物因地制宜地配置为一个自然式或规则式的人工植物种群或群落，使不同植物个体和种群间相互协调，有复合的层次和丰富的季相变化，而具有不同特性的植物又能各得其所，使之能够充分利用各种环境因子，构成一个和谐有序、稳定、富有艺术美感的景观生态系统。

二、主次分明原则

任何艺术创造都要遵循多样统一规律。无论是不同植物之间的配置还是植物与其他园林物质要素之间的配置，植物配置的景观要素可能是多样的，怎样使复杂多样的元素组成

和谐统一的有机整体，那将是植物配置的关键。在植物种类选择、数量确定、位置安排、配置方式和风格上都应强调主体，主次分明。只有有主有次、主次分明、突出主体、以次辅主，才显得和谐有序，否则，或平分秋色、平淡无味，或杂乱无章、毫无意境。

三、可持续发展原则

植物配置是利用活体植物创造景观的过程，植物都有一个生长、发育、衰老、死亡的过程。植物造景是在植物能健康、持续生长的条件下进行的，不像无生命的绘画、雕塑艺术品那样一成不变，随着时间的推移其形态、色彩、生理功能及所占据的空间等都不断地发生变化。因此，植物配置不是一种简单的机械操作，而是一个复杂的维持生命可持续发展的多维空间艺术的连续造景过程。植物配置设计，要确定合理的发展时序，从实际出发，提出长远发展目标，科学地制订分期规划，兼顾规划的超前性和弹性，按照生态学原理，在充分了解各种植物的生物学特征、生态学习性的基础上，合理布局、科学搭配，使各种植物和谐共存。群落稳定发展，达到调节自然环境与人工环境关系，实现社会效益、经济效益和环境效益的协调发展，从而保证植物造景的可持续发展。具体地说，考虑植物的变化性，不仅要考虑初期效果，而且要考虑随着时间和空间的变化将来的预期效果；并且要考虑其生命质量，不仅要养活而且要保持生境的相对稳定和持久，为了保持生境的相对稳定和持久，还要考虑将来的新老更替和过渡衔接等连续造景与养护管理等问题。

园林绿化植物具有生态功能和社会功能，生态功能是园林绿化设计中最基本的要求，在植物配置过程中人们常常忽略生态功能的重要性，植物配置首先必须满足生态功能的原则，其次是社会功能。只有达到生态功能才能改善城市的环境，才能起到美化市容的效果。植物的生态功能包括净化空气、减少沙尘暴的发生、减少水土流失等功能，在园林绿化设计中植物的配置一定不能忽视生态功能这一原则。园林绿化的社会功能主要是指美化市容、净化空气、文化教育功能，还有防护和减灾的功能，在园林绿化设计中应该根据不同的要求对植物进行合理配置，充分发挥植物的生态功能和社会功能。例如，分车绿带植物配置具有组织交通、美化道路和调节生态等多种功能，首先以组织交通功能为主，其次是美化道路功能，最后才是调节生态功能，不能主次不分，更不能喧宾夺主、本末倒置。

四、社会经济原则

城市园林绿化主要是以实现生态效益和经济效益为目的的，每一个城市的经济条件都是有限的，经济条件是园林绿化设计中植物配置的条件，不论城市的经济水平是高是低，都会以经济实惠的方案来实现城市的绿化，并且保证园林绿化中所有的植物都发挥着绿化城市的作用，也确保植物的配置是最佳的。经济原则的特点就是花费少量的金钱，来达到最大的价值，城市的经济水平会影响园林绿化中植物的配置，植物的配置方案有很多，为了达到双赢的目的，在园林绿化设计过程中会选择最经济的方案，经济原则不仅考虑设计过程中的经济，还考虑后期对园林的管理也要满足经济原则，后期的管理会有养护费用的支出，经济原则是既考虑前期的投入也考虑后期费用的支出，后期费用的支出主要是指植物的修剪、施肥等费用，在园林绿化设计中植物的配置要选择一些寿命长的、生长速度中等的、容易打理的、生命力顽强的等特点的植物，还要注意保证群落的多样性，则可以降低后期的管理费用。

五、以人为本原则

植物配置上的以人为本，就是一切从人的生存、生活、健康、审美等需求出发，创造满足人的行为和心理活动所需要的人工生态环境。保护自然环境、人与自然和谐共生的目的就是维持生态平衡，其最终目的也就是延续人类自己。植物配置设计必须要以人为本，从人的身心发展需要出发，掌握人的生活规律、行为习惯、活动空间和审美情趣。不同的人对同一空间可能会采取不同的使用方式，只有当设计对应了人的行为规范和心理需求时才具有意义。一些看似简单平常的设计，可以显示出浓浓的人情味。例如，温带地区的庭院常配置树干分支点高的落叶阔叶大乔木作为庭荫树，以便人们在树下夏季乘凉、冬季晒暖，小小庭院空间，绿化、美化与居民活动两不误，充分体现了以人为本的植物配置理念。特别是在居住区、街旁绿地、公园、学校、医院等场所的植物配置中，更要注重以人为本的设计原则。

六、文化性原则

成功的植物配置都有着很好的景观效果，也赋有深刻的文化内涵和丰富的科学文化知识。把反映某种人文内涵、象征某种精神品格、代表某种文化意义或历史典故的植物进行科学合理的配置，有利于提高植物配置的品位。

植物配置的文化性表现在两个方面: 其一，每一种植物都有其独特的形态、色彩、质地、姿韵、气味、光影、声响、抗逆性等特征，人们常利用比拟、联想手法将其人格化或赋予不同的人文内涵。人们常在园林及庭院中配置具有象征意义的植物，用以借景抒情、托物言志。其二，不同的植物与植物之间的配置或植物在不同环境中的配置也有其特定的科学文化知识。

七、特色性原则

植物配置具有很大的灵活性，没有特定的模式，也不应该有特定的模式，因为在不同的地理区域，不同的气候带，不同的土质、水质上生长着不同的植物种类，植物是地方环境特色的重要标志物，同时，不同的地方植物常常还是该地区民族传统文化的体现。不同的绿地所在的地域不同，自然环境，人文背景，植物材料、性质、功能等都不尽相同，必须因地制宜，随势生机，创造各不相同富有个性的景观。有个性就是有特色，特色性是园林艺术所追求的基本原则，植物配置也不例外。各地在植物配置时，应尽量多地选用具有地方特色的乡土植物，创造能反映地区民族传统和文化内涌的独特景观。只有通过植物配置创造富有浓厚的时代特色、地方特色的植物景观，才能达到移步换景、引人入胜、兴趣盎然、流连忘返的艺术效果。否则，不根据具体情况，无论何时何地都生搬硬套地使用一种模式进行植物配置，势必造成事倍功半、走遍天下都一样、索然无味的结果。

正因为植物配置与造景设计有法无式，才能产生特色各异的园林。但是，越是有法无式就越难把握。设计者必须全面掌握相关的科学知识和技能，具备较高的文化和艺术修养、丰富的想象力和悟性，并能产生灵感，才能设计出成功的作品。

八、艺术性与科学性和功能性相结合原则

植物配置既然是人工造景过程，那就要根据人的审美要求，按照美学原理把植物的艺术美充分展示出来，如植物的形态、色彩、质地、光影、姿韵及与其他园林物质要素之间的组合布局等，都要表现出高度的艺术性，从而创造出一个虽源于自然而又高于自然的优美生境，而不是简单粗暴地将植物及其他园林物质要素随意罗列在一起。

但是，植物这种生命物体本身具有生物学特征和生态学习性，植物配置的艺术性必须建立在科学合理的基础之上，尤其是生命科学和自然科学。艺术性注重景观功能，但不能只考虑景观功能，还要考虑景观功能与其他功能之间的关系，有些场合景观功能为主，有些场合景观功能与其他功能并重，有些场合景观功能为辅，多数场合实用功能为主，不能不顾科学和其他功能而唯美至上。只有艺术性与科学性和功能性恰当结合，才能创造出长久稳定的生态美景。

第六章 自然式植物配置及造景设计

第一节 孤植

一、定义

在一个较为开旷的空间，远离其他景物种植一株乔木称为孤植。孤植是乔木的独立栽植类型，孤植树又称为独赏树、标本树、赏形树或独植树，在设计中多处于绿地平面的构图中心和园林空间的视觉中心而成为背景，也可起引导视线的作用，并可烘托建筑、假山或活泼水景，具有强烈的标志性、导向性和装饰作用。

对孤植树的设计要特别注意的是“孤树不孤”。不论在何处，孤植树都不是孤立存在的，它总和周围的各种景物，如建筑、草坪、其他树木等配合，以形成一个统一的整体，因而要求其体量、姿态、色彩、方向等方面与环境其他景物既有对比，又有联系，共同统一于整体构图之中。

（一）园林功能与布局形式

多作为园林绿地的主景树、遮阴树、中心树等，主要表现单株树的形体美，或兼有色彩美，可以独立成为景物供观赏用。孤植树在园林风景构图中，也可做配景应用，如做山石、建筑的配景，此类孤植树的姿态、色彩要与所陪衬的主景既形成鲜明的对比又统一协调。一般采取单独栽植的方式，也偶有 2 ～ 3 株合栽成一个整体树冠的，它和周围各种景物配合，形成统一整体。

（二）孤植树种选择要点

作为孤植树，至少应具备下列条件之一。

第一，树形高大，树冠开展，枝叶繁茂，如国槐、悬铃木、银杏、油松、小叶榕、黄葛树、橡皮树、雪松、白皮松、合欢、垂柳等。

第二，姿态优美，寿命长，如雪松、罗汉松、金钱松、南洋杉、苏铁、蒲葵、海枣等。

第三，开花繁茂，花色艳丽，芳香馥郁，果实累累，如玉兰、梅花、樱花、桂花、广玉兰、

木瓜等。

第四，彩叶树木，如乌桕、枫香、黄栌、紫叶李、火炬树、槭树、银杏、白蜡等更能增添秋天景色的美感。

（三）孤植树布置场所

孤植树往往是园林构图的主景，规划时位置要突出。孤植树定植的地点以大草坪上最佳，或植于广场的中心、道路交叉口或坡路转角处。在树的周围应有开阔的空间，最佳的位置是以草坪为基底，以天空为背景的地段。

1. 开阔的大草坪或林中空地构图的重心上

四周要空旷，适宜的观赏视距大于等于四倍的树木高度。在开阔的空间布置孤植树，亦可将两或三株树紧密种植在一起，如同具有丛生树干的一株树，以增强其雄伟感，满足风景构图的需要。

2. 开阔水边或可眺望远景的山顶、山坡

孤植树以水和天为背景，形象清晰突出，如水畔大榕树、黄山迎客松等。

3. 桥头、自然园路或河溪转弯处

可作为自然式园林的引导树，引导游人进入另一景区。特别在深暗的密林背景下，配以色彩鲜艳的花木或红叶树格外醒目。

4. 建筑院落或广场中心

5. 整形花坛、树坛的中心

为尽快达到孤植树的景观效果，最好选胸径 8cm 以上的大树，能利用原有古树名木更好。景有小树可用时，则选择速生快长树，同时设计出两套孤植树，如天竺桂为孤植树时，同时安排白皮松、小叶榕等为远期孤植树介入适合位置。

孤植树作为园林构图的一部分，必须与周围环境和景物相协调。孤植树要求统一于整个园林构图之中，要与周围景物互为配景。如果在开敞宽广的草坪、高地、山冈或水边栽种孤植树，所选树木必须特别巨大，这样才能与广阔的天空、水面、草坪有差异，才能使孤植树在姿态、体形、色彩上更突出。在小型林中草坪，较小水面的水滨以及小的院落之中种植孤植树，其体形必须小巧玲珑，可以应用体形与线条优美、色彩艳丽的树种。

二、构景原理与草坪孤赏树法

（一）构景原理

第一，利用个体生长优势（包括株高、树姿、花多、冠阔、色叶、体大、繁茂等），构成观赏主体。如古树名木、主景树、市树、广场主景树、草坪主景树、公园主景树、溪口主景树等。

第二，利用树冠充分开展、浓荫自然覆盖等长势特征，构成林荫点。如村口林荫树、路口林荫树、庭园林荫树、街景林荫树、公园林荫树、溪口林荫树等。人们常乐于在林荫树下坐憩、休闲和玩趣。

第三，利用树种、树姿、体量、色叶等拟态风水树。

（二）草坪孤赏树法

在观赏及游憩性草坪设计中，孤赏树所处位置、观赏面景观构成、最佳视角设计等三个问题，均对草坪造型及景观构成起着重要作用。

1. 孤赏树位置

当最佳观景点位置确定后，由孤赏树所构成的主景画面重心将随之自然偏移，偏移的角度一般以控制在 60° 视锥角左右为宜。

2. 孤赏树景深设计

在有限的草坪空间里，可以通过勾勒背景树林林缘线形态设计草坪景深。孤赏树在草坪中其实并不孤立，它会受背景林缘线的影响而向四周呈自然扩展状。当林缘线呈自然形态时，孤赏树景深感明显增强。当林缘线呈规则直线时，孤赏树景深即刻受到一定限制。

在 60° 视锥角观赏范围内，可以通过色叶小乔木、花灌木以及地被植物的丛状配置等，进一步调控孤赏树景深。

草坪孤赏树景深层次的艺术构图，还可以通过园林小品、草坪灯、景石、雕塑等景物的有机衬托加强。

3. 孤赏树背景林设计

纯林相法：于孤赏树端景处配置自然式纯林，可以获得草坪轻纱环碧、弱柳窥青的效果。常见纯林树种有垂柳林、桃花林、樱花林、梅花林、蜡梅林、松树林、柏树林、海棠林、竹林等。

郁闭度控制法：孤赏树端景透视线的形成，往往与背景林郁闭度有关。当郁闭度小于 60% 为疏林时，则景深随透视线延伸而有效延长。此林中可以通过配置一些自然灌木丛而获得孤赏树景深观赏特色，如紫玉兰疏林草坪特色背景林、象牙红疏林草坪特色背景林等；当郁闭度大于 60% 为密林时，则景深限制了透视线自然穿透，使得孤赏树观赏面收缩。郁闭度越大，这种收缩感就越强。常见密林结构设计有；单种（乔木或灌木）结构密林、乔木 + 灌木结构密林、乔木 + 灌木 + 地被 + 草花结构密林等。

色叶林法：于孤赏树端景处配置色叶林，可以获得草坪纳千顷之汪洋，收四时之烂漫的效果。常见色叶背景林设计手法有单种色叶林（如银杏林、红叶李林、红枫林、红叶桃林、枫香林等）、多品种色叶林（如银杏＋红枫＋法国梧桐、枫香＋红叶李＋红枫＋红叶石楠等）。

植配注意事项：孤赏树观赏草坪面积宜大不宜小，一般以不小于 $500m^2$ 为宜。当面积较小时，因观赏视距不足而直接影响孤赏树景观效果。最佳观景点应设置在游园主动流向的驻足点上，如入口、岔路口。

第二节　丛植

由两三株至十几株同种或异种的树木按照一定的构图方式组合在一起，使其林冠线彼此密接而形成一个整体的外轮廓线，这种配置方式称为丛植。

一、丛植的功能与布置

树丛在园林中可作为主景、配景、障景、诱导等使用，还兼有分隔空间与遮阳作用。

树丛在艺术构图上体现的是植物的群体美，但由于株数少，仍需注意植物的个体美。在自然式园林中，丛植是最常用的配置方法之一，可用于桥、亭、台、榭的点缀和陪衬，也可布置在大草坪中央、土丘等地作为主景，以及布置在园林出入口、路叉和弯曲道路的部分，诱导游人按设计路线欣赏园林景色，或建筑两侧自然对植，或用于廊架角隅起缓和与伪装的作用。

二、树丛造景形式设计

（一）两株式树丛

树木配植构图上必须符合多样统一的原理，既要有调和又要有对比。两株树的组合，首先必须有其通相，同时又有其殊相，才能使二者有变化又有统一。凡是差别太大的两种树木，会显得对比太强、不协调。一般而言，两株丛植宜选树种相同或外形相似，或同为乔木、灌木、常绿树、落叶树，动势呼应。

（二）三株式树丛

三株配合，适于同一树种或两个树种，两树种时需同为常绿树或落叶树，同为乔木或灌木。三株树木的大小、姿态都应有差异和对比，但应符合多样统一构图法则。三株忌栽植在同一直线上或栽植成等边三角形；两个树种异者不能单独成组。画论指出：三株一丛，第一株为主树，第二为客树，第三为丛树；三株一丛，则两株宜近，一株宜远，近者曲而俯，远者宜直而仰；三株一丛，三树不宜结，也不宜散，散则无情；乔灌分明，常绿落叶分清，针叶阔叶有异。总体上讲究美，有法无式，不可拘泥。

（三）四株式树丛

四株树丛的配合，用同一树种或两个树种，必须同为乔木或同为灌木才较调和。如果应用三种以上的树种，或大小悬殊的乔木、灌木，就不易调和，所以原则上四株的组合不要乔、灌木合用。四株式树丛不能两两为组，应为 3 ：1 的组合。平面可布置成不等边三角形或不等边四角形。

树种相同时，在树木大小排列上，最大的一株要在集体的一组中，远离的可用大小排列在第二、三位的一株；树种不同时，只能三株为一种，另一株为一种。这一株不能最大，也不能最小，且不能单为一组，要居于另一树种中间，不能靠边。

（四）五株式树丛

五株同为一个树种的组合方式，每株树的体形、姿态、动势、大小、栽植距离都应不同。最理想的分组方式为 3 ：2，就是三株一小组、二株一小组，主体必须在三株的那一组中。另一种分组方式为 4 ：1，其中单株树木，不宜最大或最小。

两个树种时，一种三株，另一种两株，容易平衡，可有三种布置方式。如果四株一样，一株为另一树种，则不易协调，一般不用。

（五）六株以上树丛

树木的配置，株数越多就越复杂，但分析起来，孤植树是一个基本，二株丛植也是一个基本，三株由二株和一株组成，四株由三株和一株组成，五株则由一株和四株或三株和二株组成。理解了五株配置的道理，则六、七、八、九株同理类推。因此，不同功能的树丛，树种造景要求不同。庇荫树丛，最好采用同一树种，用草地覆盖地面，并设天然山石作为坐石或安置石桌，石凳。观赏树丛可用两种以上乔灌木组成。

第三节 群植

一、树群的功能与布置

群植指成片种植同种或多种树木，常由二三十株以上数百株的乔灌木组成。

树群株数较多，占地较大，在园林中可作背景用，在自然风景区中亦可作为主景。两组树群相邻时又可起到透景、框景的作用。树群所体现的主要是群体美，可做规则或自然式配植。树群在园林植物造景中常作为主景或临界空间的隔离。

树群应布置在有足够面积的开阔的场地上，如靠近林缘的大草坪上、宽广的林中空地、水中的小岛上、宽广水面之滨、小山的山坡、土丘上等，尤其配置于滨水效果更佳。树群在主要立面的前方，至少在树群高度的 4 倍，宽度的 1.5 倍距离以上，要留出空地，以便游人欣赏。

二、树群设计

（一）单纯树群

由一个树种构成，为丰富其景观效果，树下可用耐阴宿根花卉等做地被，如玉簪、萱草、鸢尾等。

（二）混交树群

是树群的主要形式，具有多重结构，层次性明显，一般 3 ~ 6 层，水平与垂直郁闭度均较高，为树群的主要形式。

1. 立面布局

中心至边缘渐次排列，乔木层（7 ~ 8m）、亚乔木层（5 ~ 6m）、小乔木层（3 ~ 4m）、大灌木层（2 ~ 3m），小灌木层（1 ~ 2m）及多年生草本植被（10 ~ 50cm），形成封闭空间。树群的外缘可造景 1 ~ 2 个树丛及孤植树。树群的天际线应富于起伏变化，从任何方向观赏，都不能呈金字塔式造型。

2. 平面布局

处于树群外缘的花灌木有呈不同宽度的自然凹凸环状配植的，但一般多呈丛状造景，自然错落、断续。

3. 树种选择

树群造景要做到群体组符合单体植物的生理生态要求，第一层的乔木应为阳性树，第二层的亚乔木应为半阴性树，乔木之下或背面的灌木、草本应耐阴或为全阴性的植物。

华北地区适用的树群，其乔木层为阳性树种的青杨，亚乔木层为半耐阴的平基槭和稍耐阴的山楂，乔木下为稍耐阴的白皮松（青杨的更替树种），半耐阴的灌木珍珠梅、忍冬，极其耐阴的宿根草本植物玉簪。树群边缘灌木成丛造景，选用的是半耐阴的珍珠梅、忍冬和喜光的榆叶梅、碧桃。注意树群的天际线起伏而有韵味。

（三）功能型树群

随着生态园林的深入和发展，及景观生态学、全球生态学等多学科的引入，植物景观的内涵也随着景观的概念而不断扩展，植物造景不仅是利用植物营造视觉艺术效果的景观，还应遵循生态学的原理，建设多层次、多结构、多功能、科学的植物群落，达到生态美、科学美、文化美和艺术美。恢复人与自然的和谐，充分发挥园林绿化的生态效益、景观效益、经济效益和社会效益。具体类型如下。

1. 观赏型树群

运用风景美学原理，经科学设计、合理布局，构成一个自然美、艺术美、社会美的整体，体现多单元、多层次、多景观的生态型人工植物群落，观赏型植物群落中季相变化应用最多，园林工作者在设计中讲究春花、夏叶、秋实、冬干，通过对植物的合理配置，达到四季有景。

最突出的植物季相景观配置的例子之一是杭州的花港观鱼，春夏秋冬四季景观变化鲜明，春有牡丹、樱花、桃、李，夏有荷花，秋有桂花，冬有蜡梅、雪松，让游人一年四季享受美妙的景观变化。

2. 保健型树群

利用产生有益分泌物和挥发物的植物配置。形成一定的生态结构，达到增强人们健康，防病治病目的的树群。在公园、居民区，尤其是医院、疗养院等医疗单位，应以园林植物的杀菌特性为主要评价指标，结合植物的吸收 $C0^2$，降温增湿、滞尘以及耐阴性等测定指标，选择适用于医院绿地的园林植物种类，如具有乔柏素的柏树、香花中的芳香植物等。

3. 环境防护型树群

以园林植物的抗污染性为主要评价指标，结合植物的光合作用、蒸腾作用、吸收污染物特性等测定指标，进行分析，选择出适于污染区绿地的园林植物。以通风较好的复层结构为主，组成抗性较强的植物群落，有效地改善重污染环境局部区域内的生态环境，提高

生态效益，对人们健康有利。

街道、公路周边地区的植物种植模式：侧柏 + 悬铃木（国槐、银杏、白蜡、毛泡桐）、大叶黄杨 + 紫丁香（或紫薇、天目琼花、锦带花）、早熟禾或麦冬。

4. 知识型树群

在公园、植物园、动物园、风景名胜区，收集多种植物群落，可按分类系统，或按种群生态系统排列种植，建立科普性的人工群落。植物的筛选，不仅着眼于色彩丰富的栽培品种，还应将濒危和稀有的野生植物引入园中，既可丰富景观，又保存和利用了种质资源，激发人们热爱自然、探索自然奥秘的兴趣和爱护环境、保护环境的自觉性。

5. 文化型树群

特定的文化环境如历史遗迹、纪念性园林、风景名胜、寺庙、古典园林等，通过各种植物的配置使其具有相应的文化环境氛围，形成不同种类的文化环境型人工植物群落，从而使人们产生各种主观感情与宏观环境之间的景观意识，引起共鸣和联想。

各种植物不同的配置组合，能形成千变万化的景境，给人以丰富多彩的艺术感受。“几处早莺争暖树，谁家新燕啄春泥。乱花渐欲迷人眼，浅草才能没马蹄，最爱湖东行不足，绿杨荫里白沙堤。”这是著名诗人白居易对植物形成春光明媚景色的描述。“独坐幽篁里，弹琴复长啸。深林人不知，明月来相照。”这是著名诗人王维对植物所形成的“静”的感受。

6. 生产型树群

不同的立地条件下，发展具有经济价值的乔、灌、花、果、草、药和苗圃基地，并与环境协调，既满足市场的需要，又增加社会效益的人工植物群落为生产型树群，如在绿地中选用干果或高干性果树（板栗、核桃、银杏等）；在居民区种植桃、杏、海棠等较低矮的果树，结果后在管理人员的指引下，参与采果等富有人性化的活动。

第四节　斑块植

一、定义

斑块，一词源于百合科百合属的斑块百合植物。在粉红色花被上镶嵌了无数自然斑点，故名。斑块植，指因植物品种自然镶嵌而边界模糊的一种绿地设计类型。斑块特点为自然团状、面积不定、组合随意、边缘模糊。自然界斑块形状种类繁多，如规则斑块有覆轮、中斑、内锦、糊斑、琥珀斑等；自然斑块有自发锦、高稳态斑锦、糊斑、分裂锦等。

植物斑块设计要点：斑块植配及配形问题和边缘形状及融合度问题。

二、常见设计手法

构景原理是通过不同地被植物边缘自然嵌合，构成斑块状复合景观。通过植物斑块艺术构图，表现植物自然群落关系。

（一）一般湿地斑块植配法

湿地，指由水域滩涂或水面植物共同构成的一种生态植被群落境地。

湿地资源指纳入城市蓝线范围内，具有生态功能的天然或人工，长久或暂时性的沼泽地、泥炭地或水域地带，以及低潮时水深不超过 6m 的水域因其覆盖性强、叶表面积大、增氧量高、净水能力强等，被誉为“地球守护者”。湿地的存在，为人类生存环境提供了强有力的生物多样性和稳定性支持。湿地斑块面积与植物群落多样性指数和群落类型数均呈极显著正相关关系。换言之，湿地斑块面积越大，维持植物多样性指数越高，越有利于植物群落多样性的维持和稳定。自然界湿地划分为红树林湿地、溪涧湿地、沼泽湿地、景观湿地等四大类型。常见设计手法有自然式湿地斑块、规则式湿地斑块等两种。

自然式湿地斑块系原始湿地基本形态。人工植物造景中的“自然式湿地斑块”有两个概念：一是滨水滩涂或水域地形为自然式；二是自然式湿地植物配置设计。其中，湿地植物水深要求、湿地组合形态、湿地观赏组织是三个主要设计要素。

1. 湿地植物水深要求

按照湿地植物生长最适水深划分为沿生类（不大于 0.1m）、挺水类（0.1 ~ 1.0m）、浮水类（0.5 ~ 3.0m）、漂浮类（不限水深）、沉水类（不限水深）等五种。从栽培学角度而言，大多数依赖于茎干叶梗生长的挺水类湿地植物最适水深在 1m 以内，如芦苇、鸢尾、唐菖蒲、水棕竹、千屈菜、薰衣草等。除了水深要求外，湿地植物对水环境也有一定要求，即水温 10 ~ 25℃为宜，pH 值 5.5 ~ 7.5 为宜，水底 1 淤泥层厚度不小于 0.5m。

2. 湿地组合形态

从景观学角度，一般划分为原始形态和设计形态两种。前者，常见于原始森林中湿地、滨海湿地、滨江湿地、溪流湿地、漫滩湿地等；后者，则纯属人工依势而组、依形而组、依景而组、依物而组之景观形态。

（1）依势而组

指湿地形态顺水流走向自然成形与组合。从水域滩涂自然堆积的形态变化分析，水流冲刷、搬运的共同作用常会使迎水面变窄，背水面变宽，从而表现出一种形如“壳斗状”

的湿地形态及其自然组合，其中溪流表现尤其典型。

（2）依形而组

在溪流自然涡凼处，因水流减缓、泥沙搬运甚至回流等，极易形成湿地斑块。常见斑块组合形态表现为自然成团、边缘圆滑、形态各异、增减不定。

（3）依景而组

人们在因借自然湿地造园时，总结出了许多有趣的景观设计手法。如七星伴月、母虎藏子等。

七星伴月：在较宽阔的水域中，以一座面积较大的湿地为“月亮”，旁边七座面积较小的湿地为“星星”，向心环抱造型，构成湿地斑块景观组合。

母虎藏子：在共十五座湿地中，其中一座面积较大者为“母虎”，其余均为“子虎”从任何角度观看，都只能看到十四座而差一座，曰“藏子”。

（4）依物而组

湿地植物的团状成簇自然组合是有一定规律可循的。一般来说，同一种湿地植物容易构成“团”。所以，湿地斑块应是一种湿地植物“团”与“团”的自由组合。换言之，就是湿地植物借助于湿地斑块而成形。常见湿地植物组合设计有种间搭配、花色搭配、随意搭配等三种。

第一，种间搭配是指湿地植物品种或类型之间的搭配。

同科品种之间搭配：芦竹（禾本科）+ 菰草（禾本科）+ 狼尾草（禾本科）。

不同科品种之间搭配：水生美人蕉（美人蕉科）+ 荷花（睡莲科）+ 千屈菜（千屈菜科）+ 菖蒲（天南星科）+ 花叶水葱（莎草科）+ 香蒲（香蒲科）等。

同类型品种之间搭配：千屈菜（挺水类）+ 水葱（挺水类）+ 花叶香蒲（挺水类）+ 黄菖蒲（挺水类）等。

不同类型品种之间搭配：小香蒲（挺水类）+ 雨久花（挺水类）+ 欧洲大慈姑（浮水类）+ 水蓼（挺水类）+ 凤眼莲（漂浮类）+ 黑藻（沉水类）+ 浮萍（漂浮类）等。

花色搭配：美人蕉（红花）+ 美人蕉（黄花）+ 千屈菜（紫色花）+ 雨久花（蓝紫色）+ 水鳖（白花）等。

第二，湿地观赏组织，主要包括俯视观赏、正面观赏、透视观赏与水中游四种类型。

俯视观赏：指空中俯瞰湿地组合景观。景观设计师常以此作为设计依据进行湿地景观规划布局。

正面观赏：指人们从正面（即横向）观赏湿地组合景观。

透视观赏：指人们透过滨岸植物“框景”观赏湿地组合景观。

规则式湿地斑块：系设计型湿地景观形态。常根据滨水规则式交通状况划分为道路型、栈道型。①道路型是指湿地植物配置形态因滨河路线形而呈现的规则式类型。特点：构图简单、简捷清晰、易于组合。②栈道型是指湿地植物配置形态因滨水栈道线形而呈现的规则式类型。特点是栈道观景、构图复杂、趣味设计。

第三，植配注意事项

湿地植物斑块可用于净水流域配置。配置时宜采取先阔叶，再细叶等顺序，或者先沿生，再挺水、浮水、漂浮顺序。

湿地植物斑块边缘形态以自然曲线为宜，面积大小任意。

（二）植物细胞拟态斑块植配法

在高倍显微镜下人们所观察到的植物细胞组织结构形态自然、有趣。其结构内容为细胞核、液泡、内质网、白色体、线粒体、叶绿体、胞间连丝等，它们彼此巧妙嵌合，如同自然斑块一样。景观设计师以此为出发点，可以仿生拟态出非常有趣的植物斑块设计方案。常见设计手法有归因拟态、全景拟态、拟态变形等三种。

1. 归因拟态

指植物斑块构图仅取意于部分细胞结构的设计类型。归因，即植物斑块归因于植物细胞的某个结构特征而基本成形。常用于疏林草坪造景。特点是意境拟态、新颖创意、自然生态。

2. 全景拟态

指植物斑块完全模拟植物细胞结构的设计类型。以园路为细胞壁，植物各自然组群为细胞内其他结构组织形态。在草坪植配设计中，通过两个最佳观赏点的介入控制斑块形态构图。

3. 植配注意事项

植物细胞斑块宜以大草坪作为拟态设计基础，草坪中的各种拟态景观均可按照场景要求进行调整；大草坪中的所有植物拟态斑块体量，均应按植物细胞结构比例进行严格控制；各斑块植物的选择应符合适、少、精、效的原则。

（三）花境斑块植配法

又称为花径，花境指多种花卉交错混合栽植，沿道路形成的自然状斑块花带。常见设计手法有波纹式斑块、彩带式斑块两种。

1. 波纹式斑块

指沿道路两侧呈波纹式栽植的斑块花带类型。特点是花团锦簇、波纹动态感较强、野性十足。常用于规则式游步道植物配置设计。常见植物有是紫云英、波斯菊、二月兰、旱金莲、虞美人、美人蕉、鼠尾草、花葵草、薰衣草、紫花地丁、三色堇、百里香、毛地黄、万寿菊、报春花、观赏谷子、岩生庭芥、小角堇、向日葵、麦仙翁、格桑花、扁竹根等。

2. 彩带式斑块

指沿道路两侧呈彩带式栽植的斑块花带类型。特点是模纹斑块、动态飘逸、动感十足。常用于自然式游步道植物配置设计。

（四）溪涧湿地斑块植配法

1. 乱石滩湿地

指夹杂在乱石滩自然水系中的湿地植物类。特点是位于源头、滩浅石乱、自然成溪。以杂草、常绿蒲苇草、细叶芒、花叶芒、金芒、斑叶芒、阔叶芒、鼠尾草等。其中，水草等居多。

2. 三角洲湿地

指位于溪流（或江河）中部因积沙而形成的三角形湿地绿洲，又称为沙波头湿地。特点是三角洲形、斑块若隐若现、形态自然。以禾本科植物常见。如芦苇、芦竹、狼尾草、菰草以及金芒、细叶芒等。

3. 阶地湿地

指位于溪流（或江河）回水湾处的湿地植物类。

4. 植配注意事项

溪涧湿地植物斑块应结合乱石配景复合造型。其总控宽可参考河床最宽值与最窄值。溪涧湿地斑块的野性边缘设计，常以石而隔、以滩而设、以景而补，总体上不固定。溪涧湿地斑块的植物选择需注意适地适树原则，并兼具地方特色。

（五）草坪指形斑块植配法

经过整形后的植物在草坪上勾勒飘逸图案，所刻画出的是一种斑块变形艺术其形易组、其景易趣、其色易配、其境易趣。

1. 连指形斑块

指草坪整形植物斑块呈连指状的设计类型。特点是位于草坪边缘、连指构景、动感一致、斑块趣味、绿篱植物为主。

2. 对指形斑块

指草坪整形植物斑块呈对指状的设计类型。特点是位于草坪边缘，分“手”构景、对景观赏、层次可控。

3. 咬指形斑块

指草坪整形植物斑块呈咬指状的设计类型。特点是指尖对咬、斑块动态、空间共有、一气呵成。常见植物品种有是金叶女贞、红叶石楠、南天竹、大叶黄杨、小叶黄杨、十大功劳、蚊母、杜鹃、鸭脚木、侧柏、榔榆、榆叶梅、小叶女贞、肾蕨、小蒲葵、丝兰等。

4. 植配注意事项

指形斑块篱带植物宜选择枝密、常绿或红叶、耐修剪、灌浓、慢生等树种，慎选长势快、落叶、枝疏、带刺等品种；为了凸显指形斑块篱带的浮雕造型艺术效果，剪口均应顶平、侧直、图案完整等；指形斑块外缘的植物组景，需按设计主题要求及图形效果适当加强。

第七章 规则式植物配置及造景设计

第一节 对称植

一、对称植的基本内容

对称植，又称为对植。将树形美观、体量相近的同一树种，以呼应之势在中轴线两侧栽植互相呼应的园林植物，称为对植。对植强调对应的树木在体量、色彩、姿态等方面的一致性，只有这样，才能体现出庄严、肃穆的整齐美。对植可为两三株树木或两个树丛、树群。

（一）对植的功能

对植常用于房屋和建筑前、广场入口、大门两侧、桥头两旁、石阶两侧等，起到衬托主景的作用，或形成配景、夹景，以增强透视的纵深感。对植也常用在有纪念意义的建筑物或景点两边。

（二）对植树种选择要点

对植多选用树形整齐优美、生长较慢的树种，以常绿树为主，但很多花色优美的树种也适于对植。可选择如雪松、侧柏、水杉、池杉、南洋杉、苏铁、棕榈、紫玉兰、罗汉松、小叶榕、香樟、银杏、海桐、丁香、桂花、圆柏、紫薇、梅、木槿等。

（三）对植的设计形式

1. 对称栽植

树种相同，大小相近的乔木、灌木造景于中轴线两侧，与大门中轴线等距离栽植两株（丛）大小一致的植物、加强和强调建筑物。在平面上要求严格对称，立面上高矮、大小、形状一致。

2. 非对称式栽植

树种相同或近似，大小、姿态、数量稍有差异的两株或两丛植物在主轴线两侧进行不对称均衡栽植。动势向中轴线集中，于中轴线垂直距离是大树近，小树远。非对称栽植常用于自然式园林入口、桥头、假山登道、园中园入口两侧，布置比对称栽植灵活。

（四）构景原理

利用轴线构图关系，均衡地配置植物。通过空间艺术编排，强化主入口景观。通过节奏韵律性植物配置，构成特色景观。

二、常见设计手法

（一）主入口对称植配法

主入口，即空间起始端主要出入口。人们在进入某空间之前，普遍有一种心理均衡感需求，上下左右打量着主入口各种外在配置。当这些配置与心理期望值基本相符时，则表现为亢奋；否则，会产生一种莫名其妙的抵触心情，不屑一顾。其中，以主入口植物对称式配置最为典型。

（二）设计手法

常见设计手法有建筑植配法、坐憩点植配法等。

1. 建筑植配法

由对称式建筑物所构成的中轴线，将人们观赏视线自然地吸引到主入口处。此时，若在中轴线主入口处对称配置两株体量、树种、树姿等几乎相同的植物时，则建筑物形象将大大提升。

2. 坐憩点植配法

坐憩点作为绿地空间规划中的一种“三维空间平衡点”，在构图上应按照场地总体流向进行诸如远近平衡虚实平衡、熟悉和陌生的平衡、主导和隐退的平衡、主动和被动的平衡、流动和凝固的平衡等一系列理念进行主入口设计。其中，采取造型植物对称式配置最为妥当，常见树种有侧柏、垂榕柱、小叶女贞柱、圆柏、龙柏等。

3. 其他植配法

对于一些建筑主入口、厂大门、办公楼大门以及梯道入口等处的两侧，也常对称配置植物。常见树种有棕竹、海桐球、含笑球、杜鹃球、樱花、梅花、小叶榕、紫荆、鸡蛋花、蒲葵、凤尾竹、红枫、红叶石楠等。

4. 植配注意事项

建筑主入口对称植的观赏主体是“建筑”，透过树枝框景所看到的是建筑物景观，两

者之间主次分明。一株长势良好的椴树，如果是孤植的，就会观察其枝干的结构、细枝、嫩芽、叶子、光影图案及其优美的外轮廓和精致的细部。

主入口对称植虽属于静态设计，但轴线所产生的视景“运动感”却很强，有起点、终点。因此，在植物构图方面，须重视均衡设计效果。

（三）非对称植配法

又称为植物均衡感设计。一些看起来截然不同的两种植物，通过同一条轴线彼此相关。人们对这种相关性最直接的感受，就是均衡感。配置于轴线两侧的不同植物，通过人脑对其树形、树姿、叶色、花色以及落叶等进行一系列判断和加工后，获得一种权重平衡感或隐含平衡感，当心理确认适应后，即对这种配置产生兴趣。平衡可同样存在于不相似的物体或不相似布置的物体中，但这种选择、安排应使得垂直轴线一侧的吸引力等同于另外一侧。这种平衡被称作非对称平衡或隐含平衡。

常见设计手法有地形视线修正法、斜角视线修正法、月洞门视线修正法等三种。

地形视线修正法：位于坡地形前的景观小品，由于山脊暗背景，视线的影响而产生不均衡感。通过非对称植配设计可以进行有效调整，使景观画面重心重新获得均衡感。

斜角视线修正法：当道路与建筑物呈斜角相交时，由于建筑物体量的严重影响而产生不均衡感。通过非对称植配设计可以进行有效调整，使景观画面重心重新获得均衡感。

月洞门视线修正法：于月洞门两侧采取非对称植物配置，在修正观赏视线的同时，获得艺术美感。

第二节　行列植

一、定义

行列植，又称为列植、阵列植、树阵植、竹阵植等。列植是乔木或灌木植物按一定的株行距成行种植。

列植的功能与布置：列植在园林中可发挥联系、隔离、屏蔽等作用，可形成夹景或障景。主要用于公路、铁路、城市街道、广场、大型建筑周围、防护林带、农田林网、水边种植等。

列植造景形式设计：列植有单列、双列、多列等类型。列植应用最多的是道路两旁。

道路一般都有中轴线，最适宜采取列植的配置方式，通常为单行或双行，选用一种树木。行道树列植宜选用树冠形体比较整齐一致的种类。株距与行距的大小应视树的种类和所需要遮阴的情况而定。一般大乔木行距为 5 ~ 8m，中小乔木为 3 ~ 5m，大灌木为 2 ~ 3m。

列植树木要保持两侧的对称性，平面上要求株行距相等，立面上树木的冠径、胸径、高矮则要大体一致。列植树木形成片林，可做背景或起到分割空间的作用，通往景点的园路可用列植的方式引导游人视线。

构景原理是利用植物株行等距离配置方式，构成线形或阵列群体美景观。利用高大树种阵列配置，构成广场植物景观特色。利用植物阵列群植，构成防护林体系。

二、常见设计手法

（一）行道树植配法

城市道路系统具有交通组织、街区骨架、景观走廊、遮阴纳凉、城市形象等五大功能。作为道路线形风景构图主体的行道树，高大形优、冠阔浓郁、抗性优良等是必备的设计条件。

常见设计手法有街区同种绿带式、韵律混种绿带式等两种。

1. 街区同种绿带式

指同一街区采用同一种树种的配置方式。特点是品种统一、绿带整齐、构图简洁。

2. 韵律混种绿带式

指同一街区（或滨岸）采用两种以上树种的配置方式。特点是交替列植、韵律成景、节奏感强、骨干树醒目。常见设计手法有一高一低式、一高二低式，一高群低式、三高五低式等四种。

一高一低式：指行道树按照 1 株大（或中）乔木、1 株小乔木或灌木的节奏韵律配置方式。特点是对比强烈、林冠线节奏感强、空间紧凑。常见树种组合有垂柳 + 碧桃；棕榈 + 毛叶丁香球，香樟 + 海桐球。

一高二低式：指行道树按照 1 株大（或中）乔木，1 株小乔木或灌木的节奏韵律配置方式。特点：对比强烈、林冠线节奏感较强，空间尚紧凑。常见树种组合有：雪松 + 紫薇；老人葵 + 毛叶丁香球，桂花 + 棕竹等。

一高群低式：指行道树按照 1 株大（或中）乔木，几株小乔木或灌木的节奏韵律配置方式。特点是对比强烈、林冠线节奏韵律感强、空间尚紧凑。常见树种组合有，雪松 + 海桐球 + 紫薇，银杏 + 木槿 + 紫薇 + 含笑球等。

三高五低式：指行道树按照 3 株大（或中）乔木，5 株小乔木或灌木的节奏韵律配

置方式。特点是对比强烈，林冠线节奏韵律感强，空间尚紧凑。常见树种组合有老人葵+红叶石楠球，天竺桂+金叶女贞球等。

3. 植配注意事项

用作街景节奏韵律的同一种行道树规格须相对统一；用作街景节奏韵律的行道树配置距离须相对统一。

（二）道路板带植配法

常见设计手法有一板二带式、二板三带式、三板四带式、四板五带式等四种。

1. 二板三带式植配法

在交通干道板块设计中，通常于道路中央设置绿化隔离的方式将板块一分为二，再连同两侧行道树共同构成二板三带式交通系统，如高速公路、高等级公路、城市主干道、国道等。

2. 三板四带式植配法

在交通干道板块设计中，通常于道路中央设置绿化隔离的方式将板块一分为三，再连同两侧行道树共同构成三板四带式交通系统。

3. 四板五带式植配法

在交通干道板块设计中，通常于道路中央设置绿化隔离的方式将板块一分为四，再连同两侧行道树共同构成四板五带式交通系统。

4. 植配注意事项

同一条道路板带节奏韵律植配设计，应注意连续性；道路中央隔离带在严格控高的前提下，应注意一定的通透性。

（三）高速公路匝道动态引导植配法

高速公路匝道口绿地除了植物造景外，还可采用植物动态构图辅助引导驾驶员安全通行。常见设计手法有变角色带式、梯形色带式、动感色带式等三种。

1. 变角色带式

利用色块植物角度变形的构图方式引导行驶方向。行驶在高速公路匝道口的驾驶员对正前方弧形区域最为敏感，他们在不断调整速度的同时，也在欣赏着优美的绿地构图景观。植物“动感”色带按照行驶方向由低而高配置。

2. 梯形色带式

利用色块植物阶梯状的构图方式引导行驶方向。顺应方向，前低后高的植物梯度色块配置，有利于快速视线的景观捕捉和减缓驾驶疲劳。

3. 动感色带式

利用绿篱与色块植物共同动感构图方式引导行驶方向。模拟“龙”形图案，任龙须飘带自然蜿蜒指引行驶方向。

4. 植配注意事项

高速公路匝道植物导向艺术构图，应有较明显的构图规律性，结合场地条件进行设计。图案中若需配置乔木时，须严格控制。植物导向配置区域面积宜大不宜小。

第三节 绿篱植

一、定义

（一）概念

篱植即绿篱、绿墙，是耐修剪的灌木或小乔木以近距离的株行距密植，呈紧密结构的规则种植形式。单行或双行排列而组成的规则绿带，是属于密植行列栽植的类型。

（二）篱植的功能与布置

1. 范围与围护作用

在园林绿地中，常以绿篱作为防范的边界，例如，用刺篱、高篱或绿篱内加铁丝，绿篱可用作组织浏览路线。

2. 分隔空间和屏障视线

园林的空间有限，往往又需要安排多种活动用地，为减少互相干扰，常用绿篱或绿墙进行分区和屏障视线，以便分隔不同的空间。这种绿篱最好用常绿树组成高于视线的绿墙。如把儿童游戏场、露天剧场、运动场等与安静休息区分隔开来，这样才能减少互相干扰。局部规则式的空间，也可用绿篱隔离，这样对比强烈、风格不同的布局形式可以得到缓和。

3. 作为规则式园林的区划线

以中篱做分界线，以矮篱做花境的边缘，或做花坛和观赏草坪的图案花纹。一般装饰性矮篱选用的植物材料有黄杨、大叶黄杨、桧柏、雀舌黄杨等。其中以雀舌黄杨最为理想，因其生长缓慢，别名千年矮，纹样不易走样，比较持久。也可以用常春藤组成粗放的纹样。

4. 作为花境、喷泉、雕像的背景

园林中常用常绿树修剪成各种形式的绿墙，作为喷泉和雕像的背景，其高度一般要与喷泉和雕像的高度相称，色彩以选用没有反光的暗绿色树种为宜。作为花境背景的绿篱一般均为常绿的高篱及中篱。

5. 美化挡土墙或景墙

在各种绿地中，为避免挡土墙立面的枯燥，常在挡土墙的前方栽植绿篱，以便把挡土墙的立面美化起来。

6. 做色带

中矮篱的应用，按绿篱栽植的密度，其宽窄随设计纹样而定，但宽度过大将不利于修剪操作，设计时应考虑工作小道。在大草坪和坡地上可以利用不同的观叶木本植物（灌木为主，如小叶黄杨、红叶小檗、金叶女贞、桧柏、红枫等）组成具有气势、尺度大、效果好的纹样，如北京天安门观礼台、三环路上立交桥的绿岛等由宽窄不一的中、矮篱组成不同图案的纹饰。

二、绿篱的设计

（一）绿篱高度

根据使用功能的不同，绿篱高度各异。

绿墙：高度在人视线高 160cm 以上，有的在绿墙中修剪形成绿洞门。

高绿篱：高度在 120 ~ 160cm，人的视线可以通过，但不能跳越。

中绿篱：高度为 50 ~ 120cm。

矮绿篱：高度在 50cm 以下，人们能够跨越。

（二）绿篱设计形式与植物选用

根据功能和观赏要求，绿篱设计形式通常有以下几种。

1. 常绿篱

常绿篱一般由灌木或小乔木组成，是园林绿地中应用最多的绿篱形式。该绿篱一般常修剪成规则式。常采用的树种有柏、侧柏、大叶黄杨、瓜子黄杨、女贞、珊瑚、冬青、蚊母、小叶女贞、小叶黄杨、月桂、海桐等。

2. 落叶篱

由一般的落叶树种组成，常见的树种有榆树、雪柳、水蜡树等。

3. 花篱

花篱是由枝密花多的花灌木组成。通常是任其自然生长成为不规则的形式，至多修剪其徒长的枝条。花篱是园林绿地中比较精美的绿篱形式，一般多用于重点绿化地带，其中常绿芳香花灌木树种有桂花等。常绿及半常绿花灌木树种有六月雪、金丝桃、迎春等。落叶花灌木树种有锦带花、木槿、紫荆、珍珠花、麻叶绣球、绣线菊等。

4. 观果篱

通常由果实色彩鲜艳的灌木组成。一般在秋季果实成熟时，景观别具一格。观果篱常用树种有枸杞、火棘、紫珠、忍冬、花椒等。观果篱在园林绿地中应用还较少，一般在重点绿化地带才采用，在养护管理上通常不做大的修剪，至多剪除其过长的徒长枝，如修剪过重，则结果率降低，影响其观果效果。

5. 刺篱

由带刺的树种组成，常见的树种有枸杞、山花椒、山皂荚。

6. 蔓篱

由攀缘植物组成，需事先设供攀附的竹篱、木栅栏等。主要植物可选用地锦、葡萄、南蛇藤，还可选用草本植物牵牛花、丝瓜等。

（三）绿篱造型形式

1. 整形绿篱

即把绿篱修剪为具有几何形体的绿篱。具有较强的规整性，人工塑造性强。

2. 不整形绿篱

仅做一般修剪，保持一定的高度，下部枝叶不加修剪，使绿篱半自然生，不塑造几何形体。

3. 编篱

把绿篱植物的枝条编结起来的绿篱。编篱通常由枝条韧性较大的灌木组成，将这些植物的枝条幼嫩时编结成一定的网状或格栅状的形式。编篱既可编制成规则式，亦可编成自然式。常用的树种有木槿、枸杞、小叶女贞、紫穗槐等。

4. 篱植种植密度

绿篱的种植密度根据使用的目的性，所选树种、苗木的规格和种植地带的宽度而定。矮篱、一般绿篱，株距为 30 ~ 50cm，行距为 40 ~ 60cm，双行式绿篱星三角交叉排列。绿墙的株距可采用 100 ~ 150cm，行距可采用 150 ~ 200cm。绿篱的起点和终点应做尽端处理，以使其从侧面看来比较厚实美观。

第四节　花坛植

一、定义

花坛是按照设计意图，在有一定几何轮廓的植床内，以园林草花为主要材料布置而成的，具有艳丽色彩或图案纹样的植物景观。

（一）花坛的功能与定位

在园林构图中，花坛常做主景或配景，具有较高的装饰性和观赏价值。花坛主要表现花卉群体的色彩美，以及由花卉群体所构成的图案美，能美化和装饰环境，增加节日的欢乐气氛，同时还有标志宣传和组织交通的作用。花坛大多布置在道路中央、两侧、交叉点、广场、庭院、大门前等处，是园林绿地中重点地区节日装饰的主要花卉布置类型。

（二）花坛的设计

现代花坛样式极为丰富，某些设计形式已远远超过了花坛的最初含义，设计内容如下。

1. 表现主题与材料使用

（1）盛花花坛

主要由观花草本花卉组成，表现花盛开时群体的色彩美。这种花坛在布置时不要求花卉种类繁多，只要求图案简洁鲜明，对比度强。一般选用高矮一致、开花整齐繁茂、花期较长的草本花卉。常用植物材料有一串红、美女樱、三色堇、万寿菊、鸡冠花等。

（2）模纹花坛

主要由低矮的观叶植物和观花植物组成，表现植物群体组成的复杂的图案美。它通常需利用修剪措施以保证纹样的清晰。它的优点在于它的观赏期长，因此图案式花坛的材料应选用生长期长、生长缓慢、枝叶茂盛、耐修剪的植物。它具体包括以下几种。

毛毡花坛：由各种观叶植物组成精美的装饰图案，植物修剪成同一高度，表面平整，宛如华丽的地毯。

浮雕花坛：是依花坛纹样变化，植物高度不同，部分纹样凸起或凹陷，凸出的纹样多由常绿小灌木组成，凹陷面多栽植低矮的草本植物，也可以通过修剪使同种植物因高度不同而呈现凸凹变化，整体上具有浮雕的效果。

彩结花坛：是花坛内纹样模仿绸带编成的绳结式样，图案的线条粗细一致，并以草坪、砾石或卵石为底色。

（3）造型花坛

又叫立体花坛，即用花卉栽植在各种立体造型物上而形成竖向造型景观。造型花坛可创造不同的立体形象，如动物、人物或实物，通过骨架和各种植物材料组装而成。一般作为大型花坛的构图中心，或造景花坛的主要景观，也有独立应用于街头绿地或公园中心，如可以布置在公园出入口、主要路口、广场中心等游人视线的焦点上成为对景。

（4）造景花坛

以自然景观作为花坛的构图中心，通过骨架、植物材料和其他设备组装成山、水、亭、桥等小型山水景观的花坛。

2. 花坛空间规划形式

（1）平面花坛

花坛表面与地面平行，主要观赏花坛的平面效果，包括沉床花坛或高出地面的花坛。

（2）斜面花坛

花坛设置在斜坡或阶地上，也可以布置在建筑的台阶两旁或台阶上，花坛表面为斜面，同时也是主要的观赏面。

（3）立体花坛

花坛向空间伸限，具有竖向景观，是种超出花坛原有含义的布置形式，它以四面观为主。包括造型花坛、标牌花坛等形式。

（4）造型花坛

是图案式花坛的立体发展或称立体构型，它是以竹木或钢筋为骨架的泥制造型在其表面种植五彩草或小菊等草本植物制成的一种立体装饰物。它是植草与造型的结合，形同雕塑，观赏效果很好。

（5）标牌花坛

是用植物材料组成竖向牌式花坛，多为一面观赏。

3. 花坛的组合形式

（1）独立花坛

即单体花坛。常设置在广场、公园入口等较小的环境中，作为局部构图的主体，一般布置在轴线的焦点、公路交叉口或大型建筑前的广场上。独立花坛的面积不宜过大，若是太大，需与雕塑喷泉或树丛等结合布置。

（2）花坛群

由多个花坛按一定的对称关系近距离组合而成的一个不可分割的景观构图整体。花坛群的构图中心可以采用独立花坛，也可以采用水池、喷泉，雕塑来代替，喷泉和雕塑可作为花坛群的构图中心，也可作为装饰。花坛群应具有统一的底色，以突出其整体感。组成花坛群的各花坛之间常用道路、草皮等互相联系，可允许游人入内，有时还可设置座椅、花架供游人休息。

（3）花坛组

是指同一环境中设置多个花坛，与花坛群不同之处在于各个单体花坛之间的联系不是非常紧密，如沿路布置的多个带状花坛，建筑物前做基础装饰的数个小花坛等。

4. 花坛构图立意

（1）与环境关系的处理

花坛的设置。花坛在环境中可作为主景，也可作为配景。形式与色彩的多样性决定了它在设计上也有广泛的选择性。首先设计要有美感，并富有时代气息，在风格、体量、形状诸方面与周围环境相协调，其次才是花坛自身的特色。花坛的布置要和环境统一，要求色彩、表现形式、主题思想等因素与环境相协调。最后处理好花坛与建筑、道路、周围植物的关系。

花坛的体量花坛体量、大小也应与花坛设置的广场、出入口及周围建筑的高低成比例。一般不应超过广场面积的 1/3，不小于 1/5，出入口设置花坛以既美观又不妨碍游人观光路线为原则，高度应低于出入口处行人的水平视线。花坛大小要适度，长短轴之比一般小于 1 ∶ 3，平面花坛的短轴长度在 8 ～ 10m 以内或圆形的半径在 4.5m 以内，斜面花坛倾斜角度＜ 30° 。多采用内高外低形式，形成自然斜面，这与人的视觉规律有关。

（2）花坛的形状

可以有规则式、不规则式以及混合式。

（3）花坛细部安排

根据人的视觉规律，注意三个细节，分别为中心、边缘与主体部分。花丛式花坛内部图案要简洁，轮廓明显。忌在有限的面积上设计烦琐的图案，要求有大色块的效果。而模纹式花坛以突出内部纹样精美华丽为主，因而植床的外轮廓以线条简洁为宜，可参考盛花花坛中较简单的外形图案，内部纹样可较盛花花坛精细复杂些，但点缀及纹样不可过于窄细。

5. 色彩的处理

在花坛设计过程中，要注意色相的应用，处理好色彩比例、对比色、中间色、冷暖色、深浅色关系与应用，以及花坛色与环境色彩的关系。盛花花坛表现的主题是花卉群体的色彩美，因此一般要求鲜明、艳丽。如果有台座，花坛色彩还要与台座的颜色相协调。其配色方法如下。

（1）对比色应用

对比色多用于花坛轮廓设计和花坛色块设计，具有图案清晰、轮廓分明、气氛活泼、色彩华丽等特点，常用的有蓝紫色与橙色、黄色与紫堇色等对比色。深色调的对比较强烈，给人兴奋感，浅色调的对比配合效果较理想，对比不那么强烈，柔和而又鲜明，如浅紫色＋浅黄色（浅紫色三色堇＋黄色三色堇、荷兰菊＋三色堇），绿色＋红色（扫帚草＋星红鸡冠）等。

（2）冷暖色调应用

将近似或相同色调的花卉配置在一起，易给人以柔和愉悦的感觉，例如，金盏菊、鸡冠花、一串红等大多是橙黄色或红色花朵，属于暖色调，采用这些花卉设计的花坛景观，色彩鲜明亮丽，气氛热烈活泼；二月兰、勿忘我、翠菊等花朵多为蓝色，属冷色调，采用这些花卉设计的花坛景观给人以舒适、安静之感。

花坛设计要根据周围环境特点，选择与之协调适应的花卉色调，如公共庭院大门区、礼堂、游憩活动区域等环境中的花坛宜选用暖色调的花卉作为主体，使人感到空间明朗、色彩鲜艳；而图书馆、纪念馆等环境宜选用冷色调的花卉作为主要花坛材料，以便更好地创造安静、优雅的环境氛围。

（3）同色调应用

这种配色不常用，适用于小面积花坛及花坛组，起装饰作用，不做主景。色彩设计中还要注意其他些问题。

一个花坛配色不宜太多。一般花坛 2 ～ 3 种颜色，大型花坛 4 ～ 5 种足矣。配色多而复杂难以表现群体的花色效果，显得杂乱。

在花坛色彩搭配中注意颜色对人的视觉及心理的影响。花坛的色彩要和它的作用结合考虑。花卉色彩不同于调色板上的色彩，需要在实践中对花卉的色彩仔细观察才能正确应用。同为红色的花卉，如天竺葵、一串红、一品红等，在明度上有差别，分别与早黄菊配用，效果不同。一品红红色较稳重，一串红较鲜明，而天竺葵较艳丽，后两种花卉直接与早黄菊配合，也有明快的效果，而一品红与早黄菊搭配后需要加人白色的花卉才会有较好的效果。同样，黄、紫、粉等各色花在不同花卉中明度、饱和度都不相同。

6. 花坛植物材料的选择与应用

（1）花丛式花坛的植物选择

适合作花坛的花卉应株丛紧密、着花繁茂。理想的植物材料在盛花时应完全覆盖枝叶，要求花期较长，开放一致，至少保持一个季节的观赏期。一年生花卉为花坛的主要材料，其种类繁多，色彩丰富成本较低。球根花卉也是盛花花坛的优良材料。色彩艳丽，开花整齐，但成本较高。常用一年、二年生花卉有三色堇、金盏菊、金鱼草、紫罗兰、百日草，千日红、一串红、美人蕉、虞美人、翠菊、菊等；球根花卉有郁金香、风信子、美人蕉、水仙、大丽花等。

（2）模纹花坛的植物选择

以枝叶细小，株丛紧密，萌糵性强，耐修剪，生长缓慢的多年生现时植物为主，如小月季、红叶小棠、南天竹、杜鹃、六月雪、小叶女贞、金叶女贞、半支莲、香雪球、紫罗兰、彩叶草、三色糵、雏菊、松叶菊、沿阶草、一串红、四季秋海棠、五色草等。

花坛要求经常保持鲜艳的色彩和整齐的轮牌。因此，应注意花期交替的合理应用。利用花卉的不同花期，使整个花坛的观花时间延长。

花坛中心宜选用较高大面整齐的花卉材料，如美人蕉、扫帚草、洋地黄、高金鱼草等；也有用树本的，如苏铁、蒲葵、海枣、凤尾兰、雪松、云杉及修剪的球形黄杨、龙柏等。花坛的边缘也常用矮小的灌木绿篱或常绿草本做镶边栽植，如葱兰、沿阶草等。

7. 花坛植床设计

为了突出表现花坛的外形轮廓和避免人员踏入，花坛植床一般设计高出地面10 ~ 30cm。植床形式多样，围边材料也各异，需因地制宜，因景而用。

花坛植床土壤或基质厚度也因景而异。花坛布置于硬质地面时，种植床基质宜深些，直接设计于土地的花坛，植床栽培基质可浅些，一年生草花种植层厚度不低于25cm，多年生花卉和灌木则不低于40cm。

二、花境

花境是以宿根和球根花卉为主，结合一二年生草花和花灌木，沿花园边界或路缘布置而成的一种园林植物景观。花境的平面形状较自由灵活，是以树丛、树群、绿篱、矮墙或建筑物做背景，可以直线布置，如带状花坛也可以做自由曲线布置，内部植物布置是自然式混交的，着重于多年生花卉与少量低矮灌木并用。表现的主题是花卉群体形成的自然景观。

（一）花境的功能与布置

花境是模拟自然界林地边缘地带多种野生花卉交错生长状态，运用艺术手法设计的以多年生花卉为主呈带状布置的一种花卉应用形式。花境是一种带状布置方式，可在小环境中充分利用边角、条带等地段，营造出较大的空间氛围，是常用于林缘、墙基、草坪边缘、路边坡地、挡土墙等的装饰，还可起到分隔空间和引导游览路线的作用。花境可设置在公园、风景区、街心绿地及林荫路旁，建筑物与道路之间，用植篱配合布置单面花境，与花架游廊配合布置花境（正面或两侧）；还可与围墙挡土墙配合布置花境，起到很好的美化装饰效果。

（二）花境的设计

1. 布局形式

前低后高供一面观赏。

2. 两面观赏的花境

这种花境没有背景，多布置在道路的中央、草坪上或树丛间，植物种植是中间高两侧低，供两面观赏。

3. 对应式花境

在园路的两侧、草坪中央或建筑物周围设置相对应的两个花境，这两个花境呈左右二列式。在设计上统一考虑，作为一组景观，多采用拟对称的手法，以求有节奏和变化。

（三）植物选材及应用

花境植物应选择在当地露地越冬，不需特殊管理的宿根花卉为主。花镜植物应有较长的花期，且花期分散在各季节。要求四季美观又能季相交替，一般栽后 3 ~ 5 年不更换。要使花境设计取得满意的效果，需要充分了解自然环境中优势植物及次要植物的分布比例和在野生状态下植物群落的盛衰关系，掌握优势植物的更替、聚合、混交的演变规律，不同土壤状况对优势植物分布的影响及植物根系在土壤不同层次中的分布和生长状况。

（四）花境的艺术处理

花境在设计过程中，首先要根据花境朝向、光照条件的不同选择相应的植物花卉。同时也要充分考虑环境空间的大小，长轴虽无要求，但长轴过长会影响管理及观赏要求，最好通过植物分段布置使其具有节奏感、韵律感。

另外单面观花境还需要背景，花境背景设计依设计场所的不同而异。较理想的背景是

绿色的树墙或高篱，用建筑物的墙基及各种栅栏做背景以绿色或白色为宜。为管理方便和通风，背景和花境之间最好留出一定空间，它可以防止作为背景的树和花木根系侵扰花卉。

（五）种植床设计

花境的种植床是带状的。一般来说单面观赏花境的前边缘线为直线或曲线，后边缘线多采用直线；双面观赏花境的边缘线基本平行，可以是直线，也可以是曲线；对应式花境的长轴沿南北方向延伸较好。

为了方便管理和增加花境的节奏和韵律感，可以把过长的植床分为几段，每段长度不超过 20m，段与段之间可留出 1 ~ 3m 的间歇地段，设置雕塑或座椅及其他园林小品。

花境的短轴长度一般为单面观宿根花境 2 ~ 3m，单面观混合花境 4 ~ 5m，双面观花境 4 ~ 6m。较宽的单面观花境的种植床与背景间可留出 70 ~ 80m 的小路，便于管理和通风。种植床依环境土壤条件及装饰要求可设计成平床或高床，有 2% ~ 4% 的坡度，以利排水。

第八章 园林植物与其他景观要素配置

第一节 园林植物与建筑的景观配置

园林建筑属于园林中以人工美取胜的硬质景观，是景观功能和实用功能的结合体，优秀的建筑物在园林中本身就是一景，但其建成之后在色彩、风格、体量等方面已经固定不变，缺乏活力。植物体是有生命的活体，有其生长发育规律，具有大自然的美，是园林构景中的主体。若将园林建筑与植物相搭配，则可弥补其不足，相得益彰。无论是古典园林，还是现代化的园林；无论是街头绿地，还是大规模的综合性公园，各种各样的园林建筑和植物配置，都会引起游人的兴趣，给人们留下深刻的印象。因此，园林建筑和植物配置的协调统一，是表达景观效果的必要前提，是园林中不可缺少的组成部分。

一、园林建筑与植物配置的相互作用

（一）园林建筑对植物配置的作用

建筑的外环境、天井、屋顶为植物种植提供基址，同时，通过建筑的遮、挡、围的作用，能够为各种植物提供适宜的环境条件。园林建筑对植物造景起到背景、框景、夹景的作用，如江南古典私家园林中的各种门、窗、洞，就对植物起到框景、夹景的作用，形成“尺幅窗”和“无心画”，和植物一起组成优美的构图。园林建筑、匾额、题咏、碑刻和植物共同组成园林景观，突出园林的主题和意境。匾额、题咏、碑刻等文学艺术是园林建筑空间艺术的组成部分，在它们和植物共同组成的景观中，蕴含着园林主题和意境。

（二）植物配置对园林建筑的作用

1. 植物配置使园林建筑的主题和意境更加突出

在园林绿地中，许多建筑小品都是具备特定文化和精神内涵的功能实体，如装饰性小品中的雕塑物、景墙、铺地，在不同的环境背景下，表达着特殊的作用和意义。依据建筑的主题、意境、特色进行植物配置，使植物对园林建筑起到突出和强调的作用。例如，园林中某些景点是以植物为命题，而以建筑为标志的。杭州两湖十景之一的“柳浪闻莺”，

首先要体现主题思想“柳浪闻莺”，柳树以一定的数量配置于主要位置，构成“柳浪”景观。为了体现“闻莺”的主题，在闻莺馆的四周，多层次栽植乔灌木，如鸡爪槭、南天竹、香樟、山茶、玉兰、垂柳等，使闻莺馆隐蔽于树丛之中，建筑色彩比较深暗，加强了密林隐蔽的感觉。周围还种植了许多香花植物，如瑞香、蜡梅、桂花等，增加了鸟语花香的意趣。拙政园荷风四面亭是位于三岔路口的一路亭，三面环水，一面邻山。在植物配置上，大多选用较高大的乔木，如垂柳、榔榆等，其中以垂柳为主，灌木以迎春为主，四周皆荷，每当仲夏季节，柳荫路密，荷风拂面，清香四溢，体现“荷风四面”之意。而在古典园林中，漏窗、月洞门和植物相得益彰的配置，其包含的意境就更加丰富了。一般来说，植物配置应该要通过选择合适的物种和配置方式，来突出、衬托或者烘托建筑小品本身的主旨和精神内涵。

2. 植物配置协调园林建筑与周边环境

建筑小品因造型、尺度、色彩等原因与周围绿地环境不相称时，可以用植物来缓和或者消除这种矛盾。园林植物能使建筑突出的体量与生硬的轮廓“软化”，在绿树环绕的自然环境之中，植物的枝条呈现一种自然的曲线，园林中往往利用它的质感及自然曲线，来衬托人工硬质材料构成的规则式建筑形状，这种对比更加突出两种材料的质感。一般体型较大、立面庄严、视线开阔的建筑物附近，要选干高枝粗、树冠开展的树种；在结构细致玲珑的建筑物四周，栽植叶小枝纤、树冠茂密的树种。另外，园林中还需要设置一些功能性的设施小品，如垃圾桶、厕所等，假如设置的位置不合适，也会影响到景观，可以借助植物配置来处理和改变这些问题，如在园林中的厕所旁边栽上浓密的珊瑚树等植物，使其尽量不夺走游人的视线。

二、不同风格园林中建筑的植物配置

我国历史悠久，古典园林众多，其中非常显著的特点是园林建筑美与自然美的完美融合，而这种融合的美与环境气氛的创造，在很大程度上来源于植物配置，体现自然美和人工美的结合。园林建筑类型多样，形式灵活，建筑旁的植物配置应和建筑的风格协调统一，不同类型、功能的建筑及建筑的不同部位，要求选择不同的植物，采取不同的配置方式，以衬托建筑，协调和丰富建筑物构图，赋予建筑以时间感。同时，亦应考虑植物的生态习性、含义，以及植物和建筑及整个环境条件的协调性。

（一）中国古典皇家园林的建筑与植物配置

中国古典皇家园林的特点是规模宏大，为了反映帝王至高无上、尊严无比的思想，园中建筑体量庞大、色彩浓重、布局严整、等级分明，一般选择姿态苍劲、意境深远的中国传统树种，如选择侧柏、桧柏、油松、白皮松等树体高大、四季常青、苍劲延年的树种作为基调，以显示帝王的兴旺不衰、万古长青。这些华北的乡土树种，耐旱耐寒，生长健壮，叶色浓绿，树姿雄伟，堪与皇家建筑相协调。颐和园、中山公园、天坛、御花园等皇家园林均是如此，植物配置也常为规则式，例如，颐和园内数株盘槐规则地植于小建筑前，仿佛警卫一般。为了炫耀“玉堂富贵”“石榴多子”等，园内配置了白玉兰、海棠、牡丹、芍药、石榴等树种，而迎春、蜡梅及柳树是作为报春来配置的。

（二）私家园林的建筑与植物配置

江南古典私家园林的面积不大，其建筑特点是规模较小、色彩淡雅、精雕细琢，黑灰的瓦顶、白粉墙、栗色的梁柱栏杆。苏州园林在地形及植物配置上，力求以小见大，通过“咫尺山林”再现大自然景色。植物配置注重主题和意境，多于墙基、角落处种植松、竹、梅等象征性强的植物，体现文人具有像竹子一样高风亮节、像梅一样孤傲不惧的思想境界。在景点命题上体现植物与建筑的巧妙结合，如“海棠春坞”的小庭院中，一丛翠竹，数块湖石，以沿阶草镶边，使一处角隅充满画意；修竹有节，体现了主人宁可食无肉、不可居无竹的清高寓意；而海棠果及垂丝海棠才是海棠春坞的主题，以欣赏海棠报春的景色。

三、建筑局部的植物配置

（一）建筑前的植物配置

建筑前配置植物应考虑树形、树高和建筑相协调，尤其是乔灌木的配置，应和建筑有一定的距离，和门、窗间错种植，以免影响通风采光，并应考虑游人的集散，不能塞得太满，应根据种植设计的意图和效果来考虑种植。建筑前植物配置的常用形式有规则式和自然式。一般在较大、规则的建筑前，采用对称式，列植或对植乔灌木，也可设置规则式花坛；在一些造型活泼小巧的建筑前，可采用树丛、花丛等布置形式。

（二）建筑的基础种植

建筑周围的基础植物种植应选择耐阴植物，并根据植物耐阴力的大小，来决定距离建筑的远近。耐阴植物有罗汉松、云杉、山茶、板子花、南天竹、珍珠梅、海桐、珊瑚树、大叶黄杨、蚊母树、迎春、十大功劳、常春藤、玉簪、八仙花、沿阶草等。设计时应考虑建筑的采光问题，不能离得太近，不能太多地遮挡建筑的立面，同时，还应考虑建筑基础不能影响植物的正常生长。建筑的基础种植以小乔木和灌木为主，多采用行列栽植，并且

结合地被植物、花卉等组合造景。整个植物景观下层可采用常绿的地被植物，中层可采用多年生宿根或木本花卉，上层采用小乔木或灌木，以形成景色丰富的四季景观。

第二节　园林植物与水体的景观配置

古人称水为园林中的“血液”和“灵魂”，水体是造园的四大要素之一。古今中外的园林，对于水体的运用是非常重视的，李清照称“山光水色与人亲”，描述了人有亲水的欲望，故我国南、北古典园林中，几乎无园不水。平静的水、流动的水，各种类型的水体，无论是作为主景、配景，还是小景，都离不开植物来丰富景观。水中、水旁园林植物的姿态、色彩、所形成的倒影，均加强了水体的美感。水体的植物配置，主要是通过植物的色彩、线条以及姿态来组景和造景的。水边的植物可以增加水的层次；同时，利用蔓生植物可以修饰生硬的石岸线，增添野趣；水边乔木的树干还可以用作框架，以水面为底色，以远景为画，从而形成有独特韵味的框景。

一、不同类型水体的植物配置

园林中的水体，按水体的形式来分，有自然式水体和规则式水体。自然式水体平面形状自然，因形就势，如河流、湖泊、池沼、溪涧、飞瀑等；规则式水体平面多为规则的几何形，多由人工开凿而成，如运河、水渠、园池、水井、喷泉、壁泉等。按水体的状态来分，有动态水体和静态水体，前者如河流、溪涧、瀑布、喷泉等，后者如湖泊、池沼、潭、井等。我国园林中自古水边主张植以垂柳，造成柔条拂水的效果，同时，在水边种植落羽松、池松、水杉及具有下垂气根的小叶榕等，起到线条构图的作用。无论大小水面的植物配置，与水边的距离一般要求有远有近、有疏有密，切忌沿边线等距离栽植，避免单调呆板的行道树形式。但是在某些情况下，又需要造就浓密的“垂直绿障”。

（一）湖

湖是园林中最常见的水体景观，如杭州西湖、北京颐和园昆明湖等。此类水体景观湖面辽阔，视野宽广，沿湖景观的植物配置可突出季节特点，如苏堤春晓、曲院风荷等。春季，桃红柳绿，垂柳、枫香、水杉新叶一片嫩绿，再加上碧桃、垂丝海棠争先吐艳，与乔木的嫩绿叶色相映，装扮西湖沿岸。秋季，丰富的色叶树种更是绚丽多彩，有银杏、鸡爪槭、枫香、无患子、红枫、乌桕、三角枫、重阳木、紫叶李、水杉等。西双版纳植物园内，在湖边配置大王椰子及丛生竹，非常引人入胜。一般来说，在湖边常用的植物包括水生植物和沿岸植物，通过生长在水中的水生植物和岸边的乔灌木，来塑造水体多层次立体的景观效果。湖沿岸常种植耐湿的植物，大到乔木如水杉、池杉，小到草本植物如鸢尾、菖蒲、芦苇等，配置的形式多采用群植、丛植的方式，突出季相景观，注重色彩的搭配和植物群落的营造。水生植物多采用一些浮水、浮叶植物，可以填补大水面的空白。

（二）池

园林中的池塘多为人工挖掘而成，池的形状有曲折多姿的自然驳岸，也有规则整齐的几何图形。一般在较小的园林中，水体的形式常以池为主。自然式的池塘可以模拟自然界水体的植物群落，来进行植物配置与造景。从岸上到水中，逐步采用沿岸湿生乔灌木、挺水植物、浮叶植物、浮水植物。为了获得“小中见大”的效果，植物配置常突出个体姿态或利用植物分割水面空间，增加层次。如苏州网师园，池面才 410m^2，水面集中，池边植以柳、碧桃、玉兰、黑松、侧柏等，疏密有致，既不挡视线，又增加了植物层次。池边一株苍劲的黑松，树冠及虬枝探向水面，倒影生动，颇具画意。

规则式池塘有完全呈几何对称的非常规整的池塘，也有成自由几何曲线的池塘。由于池塘岸线相对生硬，多在水岸做文章，使水岸植物摇曳生姿，岸边植物主要体现水的柔美，配合倒影共同形成多层次景观。岸边植物一般选择多年生草本植物、花灌木，较远处种植大灌木或乔木，植物种植层次丰富，形成的倒影也更具立体感。池塘中植物配置要注意的问题是，浮叶和浮水植物的设计要注意面积的大小以及和岸边植物的搭配，池中浮叶和浮水植物的种植面积如果过大，从视觉上会有一定程度缩小池塘面积的效果。

（三）溪

《画论》中曰：峪中水曰溪，山夹水曰涧。由此可见，溪涧与峡谷最能体现山林野趣。现代园林设计中，溪流多出现在一些自然式阔林中，因此其植物配置借鉴大自然中的景观，可选择乔灌木、多年生花卉、一二年生草本植物进行配置，并且乔灌木的配置形式多为自然式的丛植、群植、散点植等，花卉以及其他草本植物的配置，可模仿自然界野生植物交错生长的状态，形成不同类型的连续花丛，沿着溪流形成四季分明的植物景观。例如，杭州玉泉溪为一条人工开凿的弯曲小溪涧，引玉泉水东流入植物园的山水园，溪长 60 m 左右，宽仅 1m 左右，两旁散植樱花、玉兰、女贞、南迎春、杜鹃、山茶、贴梗海棠等花草树木，溪边砌以湖石，铺以草皮，溪流从矮树丛中涓涓流出，每到春季，花影堆叠婆娑，成为一条蜿蜒美丽的花溪。北京颐和园中谐趣园的玉琴峡长近 20m，宽 1m 左右，两岸巨石夹峙，

其间植有数株挺拔的乔木，岸边岩石缝隙间长着荆条、酸枣、蛇葡萄等藤、灌，形成了一种朴素、自然的清凉环境，保持了自然山林的基本情调，峡口配置了紫藤、竹丛，颇有江南风光。

二、水面的植物配置

水面景观低于人的视线，与水边景观呼应，加上水中倒影，最宜游人观赏。水面植物的种类相当多，可细分为挺水植物、浮水植物、沉水植物等，常用的有荷花、睡莲、萍蓬草、菖蒲、鸢尾、芦苇、水藻、千屈菜等。水面植物的栽植不宜过密和过于拥挤，其配置一定要与水面大小比例、周围景观的视野相协调，尤其不要妨碍倒影产生的效果。要与水面的功能分区相结合，最大限度地做到在有限的空间中，留出足够的开阔水面展现倒影以及水中游鱼。水面植物配置有两种形式：一是水面全部为植物所布满，适用于小水面或水池及湖面中较独立的水面；在南方的一些自然风景区中，保留了农村田野的风味，在水面铺满了绿萍或红萍，好似一块绿色的地毯或红色的平绒布，也是一种野趣。还有一种类型是部分水面栽植水生植物，园林中应用较多，一般水生植物占水面的比例以1/3 ~ 2/3为宜，以保证有足够的水面形成水中倒影。

水面的植物配置，可以水面做底色，配置丰富多彩的水生植物，可以增加俯视水面的景观，还可使岸边景物产生倒影，起到扩大水面的效果。但应注意水面植物不宜大片靠岸配置，以免影响水面的倒影效果及水体本身的美学效果。挺水及浮水植物离岸应有远有近，远近结合，近者便于细致观赏，远者便于观看整体效果。无论是植物栽植的位置、占用水面的大小和管理时是否会妨碍观赏等，都需要进行仔细推敲。在游人必经之地、人流集中的水面，可栽植睡莲等观赏性植物。

水面植物的选择，除气候条件外，应以水面深浅为首要考虑因素。沼泽地至1m水深的水面，以植挺水与浮叶植物为宜，如荷花、水葱、芦苇、慈姑、睡莲、菱等；1m以上深度的水面，以浮水植物为宜，如水浮莲、红绿浮萍等。大多数水生植物的生长发育需要一定的水深，例如，荷花只在水深1.2m以内生长良好，超过1.5m则难以生存。水生植物的蔓延性很强，为了不影响到水体的镜面效果，可以定期进行切割，但这种方法费工费时。现在我们在进行水生植物配置时，为控制水生植物生长范围，多采用设置水生植物栽植床。简单的办法是在水底用砖或混凝土做支墩，上部配置盆栽水生植物。若水浅，可直接放入栽植盆。大面积栽植可用耐水建筑材料砌栽植床。若是规则水面，可将水生植物排成图案，设计成水上花坛。还需注意的是不同的水生植物，有不同的水位、水流状态要求，对环境条件要求很严格。例如，睡莲需要在静态的、有机质含量高的水体中生长，在流动的水体中则难以生存。因此，在不同类型的水体中，应遵循水生植物生态特性，慎重挑选合适的水生植物进行配置。

（一）宽阔水面的植物配置

宽阔水面的植物配置主要以营造水生植物的群落为主，考虑远观。植物配置注重整体大而连续的效果，水生植物应以量取胜，给人一种壮观的视觉感受，如睡莲群落、千屈菜群落或多种水生植物群落组合等方式。杭州西湖花港观鱼景区：较大的水面，用荷花和满江红两种水生植物配置，种类虽不多，但是大量密集配置，岸边又以高大的乔木林带做背景，给人一种十分壮观的感觉，体现了“接天莲叶无穷碧，映日荷花别样红”的意境。在较大的水面，为了欣赏远景，还可结合人的视点栽植水生鸢尾、芦苇等植株较高的水生植物，以增加景深，方便游人观赏和留影。水生植物配置要注意水生植物生态及景观要求，做到主次分明，体形、高低、叶形、叶色及花期、花色对比协调，如香蒲与慈姑搭配，互不干扰，高低姿态有所变化，景观效果较好；而香蒲与荷花配置一起，则高低相近，相互干扰，效果不好。

（二）小水面的水生植物配置

小水面的水生植物配置主要是指池塘、小溪之类的水域。这种水域主要是考虑近观的效果，其水面植物配置要求细腻入微，对植物的姿态、色彩、高度有较为严格的要求。既要注重植株的个体美，又要考虑群体组合美及其与水体四周环境的协调，还要考虑水面的镜面效果，水面植物宜选择叶片较小者，忌过密过稀。过密不仅难以看到岸上倒影，而且会产生水体面积缩小的不良效果，就更无倒影可言，使得水面景观较为单一；过稀感觉零散，渺小，水面空旷，因此水面上植物的配置要比例适当。如前所述，应将水生植物占水体面积的比例控制在 1/3 为宜。园林中的自然式水池或小溪流水面往往较小，而且水位浅，一眼即可见底。人工水池和小溪建造时，以硬质池底保水，常铺有卵石和少量的种植土，以供水生植物生长。因此，水体的宽窄、深浅成为植物配置的一个重要因素，一般应选择株型较矮的水生植物，且种类不宜过多，体量不宜过大，在水面起点缀效果。对于硬质池底，种植水生植物可采用盆栽形式，遗憾的是，栽植容器往往清晰可见，通常会以山石围护或以洞穴隐藏这些容器，最大限度地减少人为痕迹，体现水生植物的自然美。

第三节 园林植物与山石的景观配置

园林中的山石因其具有形式美、意境美和神韵美而富有极高的审美价值，被认为是“立体的画”“无声的诗”。在传统的造园艺术中，堆山叠石占有十分重要的地位。中国古典园林无论是北方富丽的皇家园林，还是秀丽的江南私家园林，均有掇石为山的秀美景点。而在现代园林中，简洁练达的设计风格更赋予了山石以朴实归真的原始生态面貌和功能。

在园林中，通常较大面积的山石总是要与植物布置结合起来，使山石滋润丰满，并利用植物的布置掩映出山石景观。当植物与山石组织创造景观时，不管要表现的景观主体是山石还是植物，都需要根据山石本身的特征和周边的具体环境，精心选择植物的种类、形态、高低大小以及不同植物之间的搭配形式，使山石和植物组织达到最自然、最美的景观效果。例如，园林中的峰石当作主景处理，植物就作为背景或配景。散点的山石一般作为植物的配景，或求得构图的平衡；对于用作护坡、挡土、护岸的山石，一般均属次要部位，应予适当掩蔽，以突出主景；做石级、坐石等用的山石，一般可配置遮阴乔木，并在不妨碍功能的前提下，配以矮小灌木或草本植物；支撑树木的山石，可视石形之优劣，可做配景或加隐蔽。用以布置山石的植物，必须根据土层厚度、土壤水分、向阳背阴等条件来加以选择，柔美丰盛的植物可以衬托山石之硬朗和气势；而山石之辅助点缀又可以让植物显得更加富有神韵，植物与山石相得益彰的配置更能营造出丰富多彩、充满灵韵的景观。

现代园林中对山石的利用形式非常多，最普遍的就是模仿自然界的景观，营造假山或设置峰石。园林中人工假山的植物配置与造景都是模仿自然山体的植物景观，在园林中做山体植物配置与造景设计，首先必须对自然山体植物分布规律和特征有所观察、体会和感悟，因此山体植物配置与造景设计要充分利用自然植被，效法自然群落特征，顺应自然分布规律。同时，随着景观艺术的不断发展，现代园林设计者对山石的利用形式更加多样化，一种以山石为主、模拟自然界岩石及岩生植物的景观，正在一些地区大量应用，又称岩石园，一般为附属于公园内或独立设置的专类公园。一般来说，现代园林中的山依其构成的主要材料不同，可分为土山、石山、土石混合山三类。

一、土山植物配置

园林中的土山就是主要用土堆筑的山。土山上配置植物既可表现自然山体的植被面貌，具有造景功能，又可以固定土壤。土山植物配置要根据山体面积大小来确定。面积大者，乔木、灌木、藤本、草本和竹类均可配置，可以配置单纯树种，也可以多种树种混合配置。为了衬托山体之高大，可以在山体上由山脚至山巅选择由低到高的植物依次配置。如山体最下部配置草坪或在草坪上配置各种宿根、球根花卉；中部配置灌木或竹林；上部配置乔木，或密植成林，或疏植成疏林草地，或乔灌、藤本、草本相结合，以形成疏密相间、高低起伏的植被景观。面积小者，植物配置要以小见大，为了体现以小见大的艺术效果，常以低矮的花卉、灌木、竹类、藤本植物和草皮为主，以少量的乔木点缀其间，以山石半埋半露散点于土山之上，或土山局部以山石护坡，山石之上堆土植草或以藤本植物或灌木掩映，甚至乔木枝干上藤蔓缠绕。

土山设计的重点在于山林空间的营造。因此，造山往往不考虑山形的具体细节，而是加强植物配置的艺术效果，让人有置身山林的真实感受。同时，借山岭的自然地势划分景区，每个区域突出一两个树种，形成各具特色的不同景区，丰富景观层次。在进行植物配置时，应注重保护原有的天然植被，以乡土树种为主，模仿当地气候带的自然植被分布规律进行植物配置，体现浓郁的地方特色。

（一）山顶植物配置

人工堆砌的山体，山峰与山麓的高相差不大，为突出其山体高度及造型，山脊线附近应植以高大乔木，山坡、山沟、山麓则应选用相对较为低矮的植物；山顶可栽植大片花木或彩叶树，以形成较好的远视效果；山顶如果筑有亭、阁，在其周围可配以花木丛或彩叶树，用以烘托景物。山顶植物配置的适宜树种有白皮松、马尾松、油松、黑松、关柏、侧柏、毛白杨、臭椿、青杨、刺槐、栾树、火炬树等。

（二）山坡、山谷植物配置

山坡植物配置应强调山体的整体性及成片效果。可栽植彩叶树种，花灌木，常绿林，常绿落叶混合种植。景观以春季鲜花烂漫、四季郁郁葱葱、秋季漫山红叶、冬季苍绿雄浑为好。喜阳植物配置在山体南坡，喜阴或耐阴植物配置于山体北坡或林下庇荫处，可适当多选择彩色叶树种、变色叶树种、观花观叶和观果树木，加强景观的观赏效果。山谷地形曲折幽深，环境阴湿，适于喜阴湿植物生长，植物配置应与山坡浑然一体，强调整体效果的同时，突出湿地特征，应选择喜阴湿植物，如水杉、落羽杉、侧柏、胡枝子、水竹、麻叶绣球、麦冬、兰科植物等。

（三）山麓植物配置

很多园林中，山麓外部往往是游人汇集的园路和广场，应用植物将山体与园路分开，

一般可以低矮小灌木、藤本植物、地被植物。山石作为山体到平地的过渡，并与山坡乔木连接，使游人经山麓上山，犹如步入幽静的山林，如以枝叶繁茂、四季常青的松树为主，其下配以紫荆等花木，就容易形成山野情趣。

二、石山植物配置

石山以山石为主，只在石头的洞、缝、石坑和山谷、山坳及山脚有土。自然石山一般体形峻拔，山势峥嵘，悬崖绝壁，危岩耸立。山上石多土少，植物疏密不均，岩石多数裸露，看似水墨丹青一般。由于山石容易靠压叠固定，所以人工石山往往占地面积不大，但有一定的高度，体现以小见大的艺术效果。

石山植物配置主要选择下列三类植物：高山植物、低矮植物和人工培育适用于岩石园的矮生栽培品种植物。高山植物种类众多，如沙地柏、铺地柏、翠柏、蔷薇属、瑞香属、金丝桃属、景天属等。由于高山地区气候与山下的气候迥然不同，高山植物引种到低海拔处，只有部分种类能在土壤疏松、排水良好、日光充足、空气流通、夏季保持凉爽和空气湿度较大的环境中生长良好。因此，大多数高山植物需经引种驯化才能在低海拔地区正常生长。低矮植物是指植株低矮或匍匐，生长缓慢且抗逆性强，尤其是抗旱、抗寒、耐瘠薄，管理粗放，适合应用于岩石园中，主要有矮小的灌木、多年生宿根和球根花卉以及部分一二年生花卉。适用于岩石园的矮生栽培品种植物多是为了模拟高山植物而人工培育的。目前，雪松、北美红杉、铁杉、云杉等都被培育成了匍地的体形。由于岩石园往往面积较小，故需要体形较矮小的植物。

石山植物配置以山石为主，植物为辅助点缀。低山不宜栽高树，小山不宜配大木，以免喧宾夺主。要模仿天然石山之植物生长状况，也为了衬托山之峭拔，以低矮的花、草、灌木和藤本植物为主，部分藤本植物选择具有吸盘或气生根的，让其自身攀岩附壁。乔木既要数量稀少，又要形体低矮，姿态虬曲，像悬崖绝壁中或树桩盆景中的小老树那样，石缝渗水庇荫处，植以苔藓和蕨类、络石等喜阴湿的植物。这主要是适应天然石山少土、少植被的规律，而重在表现岩石的美。所以，石山的植物配置要有节制，在造成山林气氛的同时，种植要起到衬托岩石的作用，这就要在叠石时预留配置植物的缝隙、凹穴。植树侧重于姿态和色彩等观赏价值较高的种类。在山冈、山顶、峭壁、悬崖的石缝、石洞等浅土层中，常点缀屈曲斜倚的树木，宿根花卉、一二年生草花及灌木、草皮和藤本植物，利用乔木栽植在山坳、山脚、山沟等深土层中。

园林中也常设计特置石，石上多配置蔷薇、凌霄、木香、爬墙虎之类的攀缘花木。特置石周围可配置宿根花卉、一二年生花卉、灌木等低矮但色彩鲜艳的植物，采用自然式混合栽种。

第四节 植物造景设计的生态性

一、植物群落概述

（一）植物群落概念及其类型

群落的概念来源于植物生态学研究。由于动植物各大类群生活方式各异，动物生态学和植物生态学在相当长时期中处于独立发展状态。正如种群是个体的集合体一样，群落是种群的集合体。简而言之，一个自然群落就是在一定空间内生活在一起的各种动物、植物和微生物种群的集合体。这样许多种群集合在一起，彼此相互作用，具有独特的成分、结构和功能，一片树林、一片草原、一片荒漠都可以看成是一个群落。群落内的各种生物由于彼此间的互相影响、紧密联系和对环境的共同反应，而使群落构成一个具有内在联系和共同规律的有机整体。

因此，植物群落可定义为特定空间或特定生境下植物种群有规律的组合，它们具有一定的植物种类组成，物种之间及其与环境之间彼此影响，互相作用，具有一定的外貌及结构，执行一定的功能。换言之，在一定地带上，群居在一起的各种植物种群所构成的一种有规律的集合体就是植物群落。

世界上不同的地带，生长着不同类型的植物群落。以下将简要叙述世界植物群落的基本类型。

1. 常雨林和红树林

这两类群落都出现在潮湿的地带。常雨林又称为潮湿热带雨林，分布在终年湿润多雨的热带（年降雨量在 2000mm 以上，分配均匀）。常雨林分布在雨量最充沛、热量最丰富，热、水与光的常年分配最均匀的地带；相应地，常雨林就成为陆地上最茂盛的植物群落。红树林是以红树科为主的灌木或矮树丛林；此外，还有海桑科、紫金牛科和使君子科等种类，以及一些伴生植物，分布在热带海岸上的淤泥滩上，我国的福建和广东、广西沿海地区也有分布。

2. 常绿阔叶林

常绿阔叶林分布在亚热带潮湿多雨的地区。这类森林所占的面积并不是很大，主要的

树种为樟属、楠木属等，有时也出现一些具有扁平叶的针叶树，如竹柏属、红杉属等。其树叶为革质、有光泽，叶面与光照垂直，能在潮湿多云的气候下有效地进行光合作用。但这类森林生长处的气候并不像常雨林的那样终年温热湿雨，所以上层乔木的芽都已有了芽鳞保护。

3. 竹林

竹林是禾本科竹类植物组成的木本状多年生单优势种常绿植物群落，分布范围较广，从赤道两边直到温带都有分布。

天然的竹林多为混交林，乔木层中以竹为主，还混生其他常绿阔叶树或针叶林。人工栽培的则多为纯林。除了干燥的沙漠、重盐碱土壤和长期积水的沼泽地以外，几乎各种土壤都能生长，但绝大多数竹种要求温度湿润的气候和较深厚而肥沃的土壤。

4. 硬叶林

硬叶林是常绿、旱生的灌丛或矮林。其分布区的气候特点为夏季炎热而干旱，此时植物虽不落叶，但处于休眠状态；而其余时期的雨量较多而不冷，最冷月份的平均温度也不低于0℃，适合植物生长。

硬叶林的主要特征是：叶常绿，革质，有发达的机械组织，没有光泽，叶面的方向几乎与光线平行。群落中大多数植物都能分泌挥发油，因此这类群落具有强烈的芳香气味。

5. 季雨林和稀树草原

这类群落分布在干湿季节交替出现的热带地区，干季落叶休眠，雨季生长发育，依雨量的多少和干季的长短，又有不同的类型。

季雨林（又称雨绿林）出现在雨量较多的地方（年降雨量均为1500mm）。雨季枝叶茂盛，林下的灌木、草本和层外植物发达，外貌很像常雨林，但干季植物落叶，群落外貌仍然保持绿色。这样的季雨林和阔叶常绿林很近似，我国南方沿海的季雨林就是这种类型。

在雨量较少（年降雨量900 ~ 1200mm）、干季较长（4 ~ 6个月）的热带地区，有稀树草原出现。其特点是草原为主，稀疏地生长着旱生的乔木或灌木，雨季葱郁，干季枯黄。草层常以高茂的禾本科草本植物为主。

6. 夏绿阔叶林

夏绿阔叶林简称夏绿林，出现在温带和一部分亚热带地区。特点是：夏季枝叶繁茂，冬季落叶进入休眠。夏绿林的种类成分不繁杂，优势种明显，因此有栎林、桦林、山杨林等名称。乔木层除夏绿阔叶林外，有时还有松、侧柏等针叶林。林下植物的多少，随乔木的种类而不同。例如，在稠密、阴暗的山毛榉林里，几乎没有什么林下植物，但在明亮的栎林下，则常有发达的灌木层和草本层。藤本植物和附生植物不多。夏绿林在北半球相当普遍，南半球则较少。

7. 针叶林

在高纬度地带和高山上，有针叶林分布。北半球的针叶林较为发达，从温带起向北延伸，一直达到森林的北界，然后被灌丛、冻原等植被所代替。南半球的针叶林较少，大多出现在山区。一般针叶林对于酸性、瘠薄土地有较强的适应能力。

8. 干草原和草甸

干草原和草甸都是草本植物群落。干草原主要分布在温带雨量较少的地区。干草原出现地区年降雨量为 200 ～ 450mm。

草甸的草类都是中生的，因此，常比干草原的草类植株高大，种类成分也较复杂。除禾本科、莎草科、豆科、菊科等占优势的草甸外，还有其他植物构成的草甸。草甸大都是在森林遭破坏后才出现的。因此，草甸的分布一般没有地带性。

9. 荒漠

荒漠是对植物生长最为不利的环境，因此，荒漠上植被异常稀疏，甚至几乎看不见植物。荒漠根据形成的主要原因不同，可以分为干荒漠和冻荒漠两类。

（二）植物群落的特征

从上述定义中，可知自然群落具有下列基本特征。

1. 具有一定的物种组成

每个植物群落都是由一定的植物种群组成的，因此，物种组成是区别不同植物群落的首要特征。一个植物群落中物种的多少及每一物种的个体数量，是度量群落多样性的基础。

2. 不同物种之间相互影响

植物群落中的物种有规律地共处，即在有序状态下生存。虽然植物群落是植物种群的集合体，但不是说一些种的任意组合便是一个群落，一个群落的形成和发展，必须经过植物对环境的适应和植物种群之间的相互适应。植物群落并非种群的简单组合，哪些种群能够组合在一起构成群落，取决于两个条件：第一，必须共同适应它们所处的无机环境；第二，它们内部的相互关系必须取得协调、平衡。因此，研究群落中，不同种群之间的关系是阐明植物群落形成机制的重要内容。

3. 具有形成群落环境的功能

植物群落对其居住环境产生重大影响并形成群落环境。如森林中的环境与周围裸地就有较大的不同，包括光照、温度、湿度和土壤等都经过了植物及其他生物群落的改造。即使植物在非常稀疏的荒漠群落，对土壤等环境条件也有明显的改造作用。

4. 具有一定的外貌和结构

植物群落是生态系统的一个结构单位。它本身除了具有一定的物种组成外，还具有其外貌和一系列的结构特点，包括形态结构、生态结构与营养结构，如生活型组成、种的分布格局、季相、寄生和共生关系等，但其结构常常是松散的，不像一个有机体结构那样清晰，因而有人称之为松散关系。

5. 一定的动态特征

植物群落是生物系统中具有生命的部分，生命的特征是不停地运动，植物群落也是如此，其运动形式包括季节动态、年际动态、演替与演化等。

6. 一定的分布范围

任何一个植物群落都分布在特定地段或特定生境上，不同植物群落的生境和分布范围不同。无论从全球范围看，还是从区域角度讲，不同植物群落都按一定的规律分布。

7. 群落的边界特征

在自然条件下，有些群落具有明显的边界，可以清楚地加以区分；有的则不具有明显的边界，而处于连续变化中。前者见于环境梯度变化较陡或者环境梯度突然中断的情形，如地势变化较陡的山地的垂直带、断崖上下的植被、陆地环境和水生环境的交界处，如池塘、湖泊、岛屿等。但两栖类群落常常在水生群落与陆地之间移动，使原来清晰的边界变得复杂。

二、影响植物造景设计的生态因子

植物生长环境中的温度、水分、光照、土壤、空气等因子，都对植物的生长发育产生重要的生态作用，因此，研究环境中各因子与植物的关系是植物造景的理论基础。某种植物长期生长在某种环境里，受到该环境条件的特定影响，通过新陈代谢，于是在植物的生活过程中就形成了对某些生态因子的特定需要，这就是其生态习性，如仙人掌耐旱不耐寒。有相似生态习性和生态适应性的植物则属于同一个植物生态类型，如水中生长的植物叫水生植物，耐干旱的叫旱生植物，需在强阳光下生长的叫阳性植物，在盐碱土上生长的叫盐生植物等。

（一）温度

温度是植物极为重要的生活因子之一。地球表面温度变化较大。空间上，温度随海拔升高、纬度（北半球）的北移而降低；随海拔的降低、纬度的南移而升高。时间上，一年有四季的变化，一天有昼夜的变化。

1. 温度三基点

温度的变化直接影响着植物的光合作用、呼吸作用、蒸腾作用等生理作用。每种植物的生长都有最低、最适、最高温度，称为温度三基点。热带植物如椰子、橡胶、槟榔等要求日平均温度在18℃才能开始生长；亚热带植物如柑橘、香樟、油桐、竹等在15℃左右开始生长；暖温带植物如桃、紫叶李、槐等在10℃甚至不到10℃就开始生长；温带树种紫杉、白桦、云杉在15℃左右就开始生长。一般植物在0 ~ 35℃的温度范围内，随温度上升生长加速，随温度降低生长减缓。一般来说，热带干旱地区植物能忍受的最高极限温度为50 ~ 60℃；原产北方高山的某些杜鹃花科小灌木，如长白山自然保护区白头山顶的牛皮杜鹃、苞叶杜鹃、毛毡杜鹃都能在雪地里开花。

2. 温度的影响

在园林实践中，常通过调节温度而控制花期，以满足造景需要。如桂花属于亚热带植物，在北方植栽，通常于9月开花。为了满足国庆用花需要，通过调节温度，推迟到10月盛开。因桂花花芽在北京常形成于6月，8月初在小枝端或者干上形成。当高温的盛夏转入秋原之后，花芽就开始活动膨大，夜间最低温度在17℃以下时就要开放。通过提高温度，就可控制花芽的活动和膨大。具体方法是在6月上旬见到第一个花芽鳞片开裂活动时，就将桂花移入玻璃温室，利用白天室内吸收的阳光热和晚上紧闭门窗，就能自然提高温度5 ~ 7℃，从而使夜间温度控制在17℃以上。这样，花蕾生长受抑，显得比室外小，到国庆节前两周，搬出室外，由于室外气温低，花蕾迅速长大，经过两周的生长，正好于国庆期间开放。

（二）光照

光是太阳的辐射能以电磁波的形式投射到地球表面上的辐射。光是一个十分复杂而重要的生态因子，包括光强、光质和光照长度。光因子的变化对生物有着深刻的影响。

光对植物的形态建成和生殖器官的发育影响较大。植物的光合器官叶绿素必须在一定光强条件下才能形成，许多其他器官的形成也有赖于一定的光强。在黑暗条件下，植物就会出现“黄化现象”。在植物完成光周期诱导和花芽开始分化的基础上，光照时间越长，强度越大，形成的有机物越多，有利于花的发育。光强还有利于果实的成熟，对果实的品质也有良好作用。不同植物对光强的反应是不一样的，根据植物对光强适应的生态类型可分为阳性植物、阴性植物和中性植物（耐阴植物）。在一定范围内，光合作用效率与光强成正比，达到一定强度后实现饱和，再增加光强，光合效率也不会提高，这时的光强称为光饱和点。当光合作用合成的有机物刚好与呼吸作用的消耗相等时的光照强度，称为光补

偿点。

阳性植物对光要求比较迫切，只有在足够光照条件下才能正常生长，其光饱和点、光补偿点都较高。阴性植物对光的需求远较阳性植物低，光饱和点和光补偿点都较低。中性植物对光照具有较广的适应能力，对光的需要介于上述两者之间，但最适于在完全的光照下生长。植物的光合作用不能利用光谱中所有波长的光，只是可见光区，这部分辐射通常称为生理有辐射，约占总辐射的40% ~ 50%。可见光中红、橙光是被叶绿素吸收最多的成分，其次是蓝、紫光，绿光很少被吸收，因此又称绿光为生理无效光。此外，长波光（红光）有促进延长生长的作用，短波光（蓝紫光、紫外线）有利于花青素的形成，并抑制茎的生长。

光强对植物光合作用速率产生直接影响，单位叶面积上叶绿素接受光子的量与光通量成正相关。光照强度对植物形态建成有重要作用，光照促进组织和器官的分化，制约着器官的生长发育进度。

在植物群落内，由于植物对光的吸收、反射和透射作用，所以群落内的光照强度、光质和日照时间都会发生变化，而且这些变化随植物种类、群落结构以及时间和季节不同而不同。一年中，随季节的更替植物群落的叶量有变化，因而透入群落内的光照强度也随之变化。落叶阔叶林在冬季林地上可照射到50% ~ 70% 的阳光，春季发叶后林地上可照射到 20% ~ 40%，但在夏季盛叶期林冠郁闭后，透到林地的光照可能在 10% 以下。对常绿林而言，则一年四季透到林内的光照强度较少并且变化不大。针对群落内的光照特点，在植物配置时，上层应选耐阴性较强或阴性植物。

（三）水分

水是任何生物体都不可缺少的重要组成部分，生物体的含水量一般为 60% ~ 80%，有的生物可达 90% 以上。不同的植物种类、不同的部位含水量也不相同，茎尖、根尖等幼嫩部位的含水量较高。水是生化反应的溶剂，生物的一切代谢活动都必须以水为介质。蒸腾散热是所有陆生植物降低体温的重要手段。植物通过蒸腾作用调节其体温，使植物免受高温危害。水还可以维持细胞和组织的紧张度，使植物保持一定的状态，维持正常的生活。植物在缺水的情况下，通常表现为气孔关闭、枝叶下垂、萎蔫。

植物在不同地区和不同季节所吸收和消耗的水量是不同的。在低温地区和低温季节，植物吸水量和蒸发量小，生长缓慢；在高温地区和高温季节，植物蒸腾量大，耗水量多，生长旺盛，生长量大。根据这个特点，在高温地区和高温季节必须多供应水分，这样才能满足植物对水分的需求。

（四）空气

空气对植物的生存意义如同对动物一样至关重要。在光合作用中，植物需要空气中的二氧化碳来制造养料。不过植物和动物一样，也需要从空气中吸取氧气，释放二氧化碳。氧气是植物在光合作用中向空气中释放的“废物”。在地球发展的历史进程中，植物在大气中逐渐聚积起了氧气，只有在空气中有了足够的氧气时，植物才能生长和进化。

大气组成中除了氮气、氧气和惰性气体及臭氧等较恒定外，主要起生态作用的是二氧化碳、水蒸气等可变气体和由于人为因素造成的组分，如尘埃、硫化氢、硫氧化物和氮氧化物等。大气中的二氧化碳是植物光合作用的原料，氧气是大多数动物呼吸的基本物质；大气中的水和二氧化碳对调节生物系统物质运动和大气温度起着重要的作用，氧气和二氧化碳的平衡是生态系统能否进行正常运转的主要因素。大气流动产生的风对花粉、种子和果实的传播和活动力差的动物的移动起着推动作用；但风对动植物的生长发育、繁殖、行为、数量、分布以及体内水分平衡都有不良影响，强风可使植物倒伏、折断等。

（五）土壤

植物生长在土壤之中，因此，不同的土壤理化性质、土壤肥力等，都会对植物产生不同的作用。所以，不同的土壤类型都有其相应的植被类型。

土壤生物包括微生物、动物和植物根系。它们一方面依赖土壤而生存；另一方面又对土壤的形成、发育、性质和肥力状况产生深刻的影响，是土壤有机质转化的主要动力。同时，土壤微生物对植物的生长乃至生态系统的养分循环都有直接的影响。

（六）地形地势

地形因子是间接因子，其本身对植物没有直接影响。但是地形的变化（如坡向、海拔高度、盆地、丘陵、平原等）可以影响到气候因子、土壤因子等的变化，进而影响到植物的生长。

（七）生物因子

生物因子包括植物和动物、微生物和其他植物之间的各种生态关系，如植食、寄生、竞争和互惠共生等。植物的生长发育除与无机环境有密切关系外，还与动物、微生物和植物密切相关。动物可以为植物授粉、传播种子；植物之间的相互竞争、共生、寄生等关系以及土壤微生物的活动等，都会影响到植物的生长发育。

三、植物造景设计的生态观

（一）保护自然景观的生态观

自然景观是“土地生态协调的产物，它是由不同的自然条件、人文历史之间相互作用而形成的。对自然景观的保护和利用目的在于体现其自身价值，反映其个性化特点”。上述定义就是指自然景观作为一个国家文化遗产不可分割的一部分，能体现个体价值的独特性，同时也能反映当地的历史和习俗等。首先要保留它灿烂的历史文化，其次要融合当地的环境特色，协调自然景观和人文景观的同步保护，使二者成为一个完美的特性结合。人文景观中所包含的文化艺术遗迹、历史建筑等，同样影响着自然景观的形成和发展。它们最终形成一种有序的整体，相辅相成。随着时间的推移，会逐渐形成一种非常独特的自然和建筑相融合的景观。自然景观其实就是历史文明的一种延伸，是其文化艺术方面发展的起点，也是在不同历史时期那些文人墨客汲取灵感的源泉，更是游客们为之向往的风景胜地。自然景观更与人们的生活分不开，农舍、水道、菜园、葡萄园、围有栅栏的果树林、农场放牧的牲畜家禽以及田间的耕作者，这些都给我们勾勒出一幅“悠然南山下”的生动画面。自然景观的保护应与地方文化背景相结合，以保持它的历史价值来实现其经济目标。

相对于城市景观中心区来说，城市周围地带的自然要素所受的干扰压力可能要小得多，它们往往是许多当地物种的最后栖息地。也正因为如此，城市周边地带的自然景观要素应受到更加严格的保护，以便建立城市建设区和周边地带完整的关系，保证它们的空间关系连接关系和生态连通性。在国外城市规划中，已经逐渐开始尝试开拓对城市景观界限的原有观念，建立城市群或城市环的大城市景观概念，将城市周边自然景观要素作为城市生态规划和管理的核心，围绕一定的绿色空间和自然要素区域进行城市空间配置和组织，从更大的程度上进行生物多样性保护的空间规划。

（二）构建生态体系的生态观

构建生态体系是人们从生态系统中获得的收益。生态体系具有多重性。比如，森林生态系统有调节气候、涵养水源、保持水土、防风固沙、净化空气、美化环境等功能；湿地生态系统有涵养水源、调节径流、防洪抗灾、降解污染物、生物多样性保护等功能。重要生态功能区是指在保持流域、区域生态平衡、防止和减轻自然灾害，确保国家和地区生态安全方面具有重要作用的区域。自我国改革开放以来，随着经济的快速发展，不合理资源开发和自然资本的过度使用，致使我国重要生态功能区生态破坏严重，部分区域生态功能整体退化甚至丧失，严重威胁国家和区域的生态安全。因此，构建合理的生态体系具有重大意义。1. 生态系统是客观存在的实体，有时间和空间的概念；2. 生态系统是由生物成分和非生物成分组成的；3. 生态体系是以生物为主体的；4. 各成员之间有机地组织在一起，具有统一的整体功能。

植物群落的发生发展过程与其所处的环境有着密切的关系，一定的环境条件决定一定的植物群落，而植物自身对环境条件有改造作用，变化了的环境条件又反过来影响植物群落，在此过程中发挥其具有的生态功能。因此，植物群落与其所处的非生物环境彼此不可分割地相互联系和相互作用，从而构成一个整体。构建生态系统需要一定地带上所有生物和非生物环境之间不断进行有序的物质循环和能量流动，从而形成一个统一的有机整体。

（三）修复生态系统的生态观

所谓生态修复，是指对生态系统停止人为干扰，以减轻负荷压力，依靠生态系统的自我调节能力与自组能力使其向有序的方向进行演化，或者利用生态系统的这种自我恢复能力，辅以人工措施，使遭到破坏的生态系统逐步恢复或使生态系统向良性循环方向发展；主要致力于那些在自然突变和人类活动影响下受到破坏的自然生态系统的恢复与重建工作，以恢复生态系统本来的面貌，比如，砍伐的森林要重新种植上树木，做到退耕还林，让动物回到原来的生活环境中等。这样，生态系统得到了较好的恢复，称为生态恢复。

由于生态系统具有自我调节机制，所以在通常情况下，生态系统会保持自身的生态平衡。生态系统的恢复能力是由生命成分的基本属性所决定的，是由生物顽固的生命力和种群世代延续的基本特征所决定的，所以恢复力强的生态系统生物的生活世代短，结构比较简单，如草原生态系统遭受破坏后，恢复速度比森林生态系统快得多。生物成分生活世代长、结构复杂的生态系统，一旦遭到破坏，则长期难以恢复。因此，生态系统的修复如需见效快，可以先从草本、地被植物入手。

参考文献

[1] 于宝民 . 园林植物栽培 [M]. 西安：世界图书出版西安有限公司，2018.06.
[2] 曾明颖，王仁睿，王早 . 园林植物与造景 [M]. 重庆：重庆大学出版社，2018.09.
[3] 胡宗海 . 现代园林植物生态设计 [M]. 哈尔滨：东北林业大学出版社，2018.08.
[4] 王竞红 . 园林植物景观评价指标体系研究 [M]. 哈尔滨：东北林业大学出版社，2018.09.
[5] 周国宁，徐正浩 . 园林保健植物 [M]. 杭州：浙江大学出版社，2018.10.
[6] 顾英 . 园林植物 [M]. 北京：中国建筑工业出版社，2018.12.
[7] 高东菊，张凤娥 . 园林植物识别与应用 [M]. 北京：中国农业出版社，2018.12.
[8] 李宝昌，柯碧英 . 园林植物种植施工 [M]. 北京：高等教育出版社，2018.04.
[9] 潘远智，车代弟 . 风景园林植物学 [M]. 北京：中国林业出版社，2018.06.
[10] 孙会兵，邱新民 . 园林植物栽培与养护 [M]. 北京：化学工业出版社，2018.02.
[11] 杜迎刚 . 园林植物栽培与养护 [M]. 北京：北京工业大学出版社，2019.11.
[12] 唐岱，熊运海 . 园林植物造景 [M]. 北京：中国农业大学出版社，2019.01.
[13] 袁惠燕，王波，刘婷 . 园林植物栽培养护 [M]. 苏州：苏州大学出版社，2019.11.
[14] 王凤珍 . 园林植物美学研究 [M]. 武汉：武汉大学出版社，2019.08.
[15] 顾建中，梁继华，田学辉 . 园林植物识别与应用 [M]. 长沙：湖南科学技术出版社，2019.08.
[16] 李敏 . 热带园林植物造景 [M]. 北京：机械工业出版社，2019.11.
[17] 雷一东 . 园林植物应用与管理技术 [M]. 北京：金盾出版社，2019.01.
[18] 谢风，黄宝华 . 园林植物配置与造景 [M]. 天津：天津科学技术出版社，2019.04.
[19] 段然 . 基于植物生物节律的园林植物照明 [M]. 重庆：重庆大学出版社，2019.03.
[20] 祝遵凌 . 园林植物景观设计 [M]. 北京：中国林业出版社，2019.07.
[21] 周丽娜 . 园林植物色彩配置 [M]. 天津：天津大学出版社，2020.07.
[22] 尹金华 . 园林植物造景 [M]. 北京：中国轻工业出版社，2020.12.
[23] 张文婷，王子邦 . 园林植物景观设计 [M]. 西安：西安交通大学出版社，2020.08.
[24] 徐一斐 . 园林植物识别与造景基础攻略 [M]. 长春：吉林美术出版社，2020.06.
[25] 圣倩倩，祝遵凌 . 园林植物生态功能研究与应用 [M]. 南京：东南大学出版社，2020.04.

[26] 颜玉娟，周荣 . 园林植物基础 [M]. 北京：中国林业出版社，2020.04.
[27] 张林 . 园林植物景观设计 [M]. 广州：广东旅游出版社，2020.03.
[28] 穆丹 . 园林植物与植物景观设计 [M]. 长春：吉林出版集团股份有限公司，2020.05.
[29] 贾卫军，郭社智 . 园林植物栽培养护技术 [M]. 北京：电子工业出版社，2020.01.
[30] 吴国玺 . 园林植物与造景设计 [M]. 北京：中国农业出版社，2020.03.